H. Emmel

Erneuerbare Energien

Sonne, Wind und Wasser

Erneuerbare Energien

Sonne, Wind und Wasser

Felix Homann

KOSMOS

Inhalt

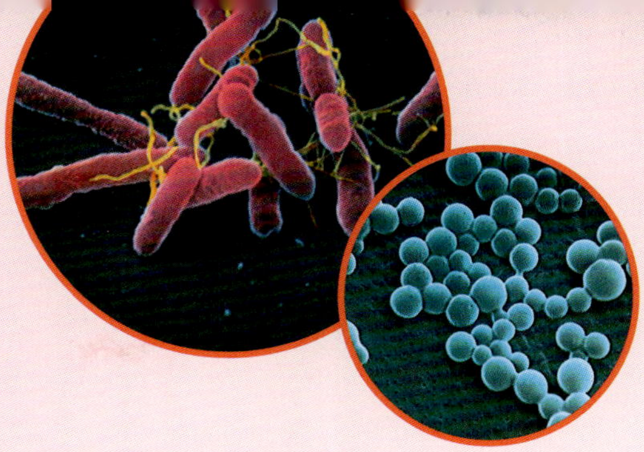

ISLAND
60 AUR
GEYSIR

36 Geysir 52
1s Selfoss 45

Wissenswertes und Kurioses

Drachenpower

→ Träumer oder Pionier: Der Niederländer Wubbo Ockels möchte Windrädern mit Lenkdrachen Konkurrenz machen. So verrückt die Idee auch zu sein scheint, so simpel ist sie doch im Prinzip. Computergesteuert drehen die Drachen ihre Runden am Himmel. Die Drachenschnur treibt dabei einen Generator an. Vorteile: Die Drachen sind günstig in der Herstellung und steigen in für Windräder unerreichbare Höhen von bis zu einem Kilometer. Bis zu 10 000 Kilometer hoch sollen sie einmal fliegen.

Während der Drache nach oben steigt, zieht er ein Seil von einer Rolle ab. Die sich drehende Rolle erzeugt in einem Generator Strom. *Über Generatoren kannst Du mehr auf S. 18 lesen.*

HERONS ORGEL

Die älteste bekannte Maschine, die durch die Windkraft angetrieben wird, ist keine Mühle und auch keine Säge. Es handelt sich nicht einmal um eine Maschine, die den Menschen alltäglich schwere Arbeit abnimmt. Es handelt sich um eine Orgel! Der griechische Ingenieur und Mathematiker Heron von Alexandria hat sie im 1. Jahrhundert nach Christus erbaut. Was für ein Lied sie wohl damals gespielt hat?

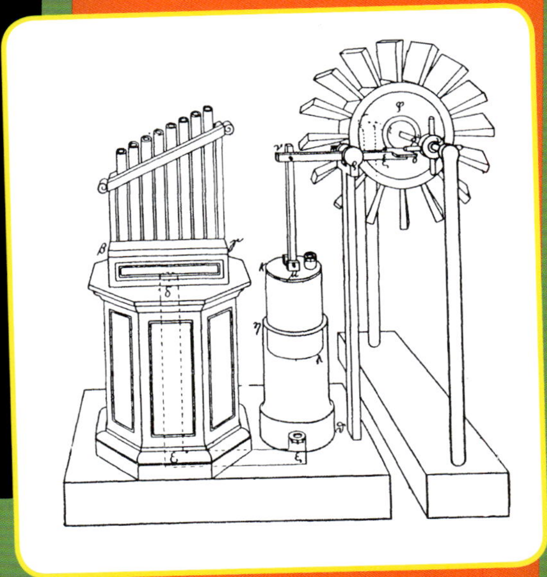

WEG MIT DEN KRAWATTEN

→ CHILENISCHE MÄNNER SOLLEN KÜNFTIG AUF IHRE KRAWATTEN VERZICHTEN. DAVON ERHOFFT SICH DER CHILENISCHE ENERGIEMINISTER EINE STROMERSPARNIS VON BIS ZU ACHT MILLIONEN EURO. DIE IDEE: DIE KLIMAANLAGEN DES LANDES SOLLEN SO WENIGER ZU TUN HABEN. OB DIESE RECHNUNG WIRKLICH AUFGEHT, WIRD SICH ZEIGEN.

Gemeinsam sind wir stark

Die verschiedenen Arten der erneuerbaren Stromerzeugung müssen nicht voneinander getrennt werden. In Prenzlau hat man nun ein Kraftwerk gebaut, das die Windkraft mit einem Wasserstoff- und Biogaskraftwerk verknüpft. Liefern die drei Windräder mehr Strom, als gerade benötigt wird, so wird damit aus Wasserstoff Gas hergestellt. Dieses kann in gewöhnlichen Gastanks gespeichert werden. Zusammen mit Biogas erzeugen zwei Blockheizkraftwerke daraus Strom und Wärme.

EIN COMPUTER ZUM KURBELN

Der Computer der Initiative »One Laptop per Child« (zu Deutsch: »Ein Laptop pro Kind«) soll Kindern in Entwicklungsländern helfen, den Umgang mit moderner Computertechnik zu erlernen. Da die Stromversorgung nicht überall gewährleistet ist, besitzt der Computer eine Handkurbel, mit der der Akku für einige Zeit aufgeladen werden kann. Das Gerät ist auch als 100-Dollar-Computer bekannt. Das bereits geplante Nachfolgemodell soll nur noch 75 Dollar kosten.

Warmes Wasser in den Bergen

Der Schweizer Bergsteiger und Naturforscher Horace Bénédict de Saussure (1740–1799) gilt als Erstbesteiger des Kleinen Matterhorns und als Pionier der Alpenforschung. Mit dabei auf vielen seiner Expeditionen: ein Holzkasten mit Glasabdeckung. In diesem Vorläufer moderner Solarkollektoren konnte de Saussure allein mit der Sonnenstrahlung und ganz ohne Feuerholz warmes Wasser bereiten. Sein Bild ziert die Schweizer 20-Franken-Banknote.

Arbeit ist

6:05 Uhr morgens: Der Radiowecker springt an. Das Licht in Lisas Kinderzimmer geht an. »Zeit aufzustehen«, sagt ihre Mutter. Während Lisa langsam wach wird, kocht ihre Mutter in der Küche schon einmal einen Tee zum Frühstück. Lisa geht in das Badezimmer und putzt sich die Zähne mit einer elektrischen Zahnbürste. Das geht leichter, findet sie. Nach dem Duschen föhnt sie sich noch die Haare. Was sie nicht merkt: Sie hat schon eine Menge Energie verbraucht!

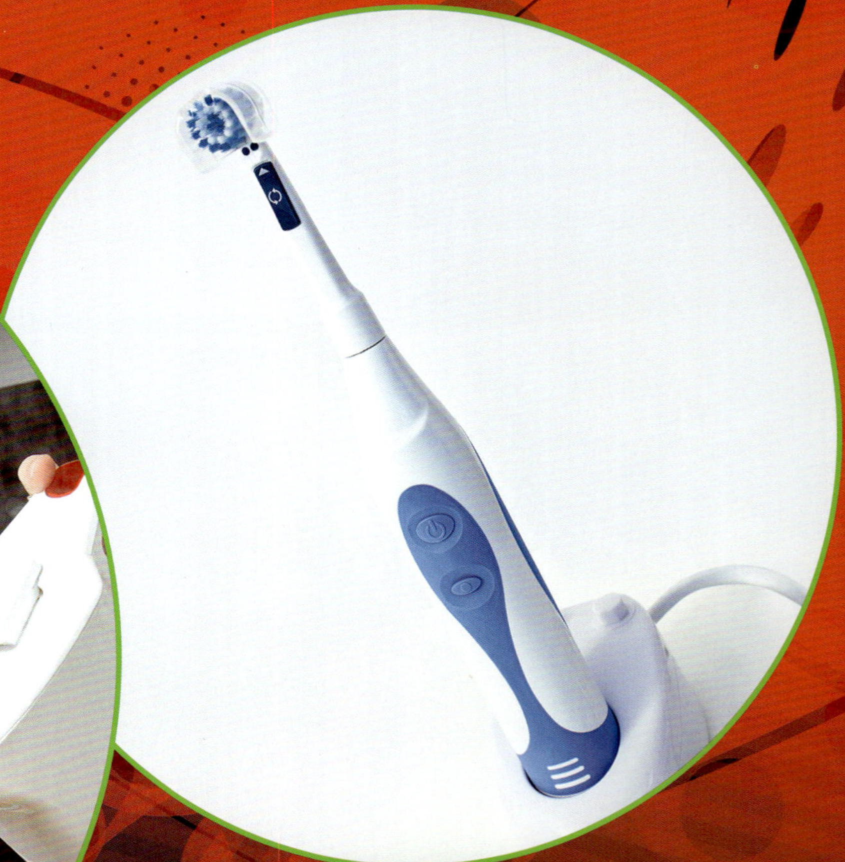

nicht gleich Arbeit

Dir fallen bestimmt noch mehr elektrische Geräte ein, die du morgens schon benutzt …

STROMERZEUGUNG

Ein Großteil der Energie in einem Haushalt wird in Form von elektrischem Strom verbraucht. Der kommt nicht einfach so aus der Steckdose, sondern muss mühevoll erzeugt werden. Schließlich kann man Energie nur gewinnen, wenn man sie von einer Form in eine andere umwandelt. Wie das geht? Lies dazu auf S. 18 weiter.

* WOFÜR WIR ENERGIE BRAUCHEN

Allein die Glühbirne im Kinderzimmer hat eine Leistung von 60 Watt. Wenn sie eine Stunde lang brennt, verbraucht sie 60 Wattstunden Energie. Aber was bedeutet das? Ist das viel oder wenig? Und was ist das denn überhaupt: Energie?

* WAS MAN DAMIT MACHT

Energie ist unsichtbar. Deshalb kann man sie am besten durch das beschreiben, was man mit ihr machen kann: Mit Energie verrichtet man Arbeit. Mit Arbeit meinen Physiker aber nicht unbedingt das, was man normalerweise unter Arbeit versteht. Arbeit im Verständnis der Physiker kann sein, dass man eine Rakete ins Weltall schießt, ein Auto bewegt, Wasser erhitzt oder eine Glühbirne zum Leuchten bringt.

* NIE WEG

Energie hat noch zwei ganz besondere Eigenschaften: Sie kann nicht aus dem Nichts erzeugt werden und sie kann auch nicht einfach ins Nichts verschwinden. Sie kann nur von einer Form in eine andere umgewandelt werden. Wenn du zum Beispiel auf eine Mauer springst, passiert Folgendes: In deinen Muskeln wird Energie in Bewegung umgewandelt. So kannst du dich mit den Beinen vom Erdboden abstoßen. Du erhältst dabei sogenannte »Bewegungsenergie«. Wenn du auf der Mauer gelandet bist, bewegst du dich nicht mehr. Die Bewegungsenergie ist jetzt aber nicht weg. Denn von einer Mauer kannst du auch wieder herunterfallen. Dann bewegst du dich von ganz allein. Solange du aber auf der Mauer stehen bleibst, trägst du die Energie als sogenannte »Lageenergie« mit dir herum: Aufgrund der erhöhten Lage, hast du Bewegungsenergie gespeichert. Erst, wenn du einen Schritt über den Rand der Mauer hinweg wagst und dich von der Mauer fallen lässt, erhältst du diese Energie als Bewegungsenergie zurück. Und zwar genauso viel Energie, wie du vorher aufwenden musstest, um hinaufzuspringen.

* UND DOCH VERBRAUCHT?

Wenn du schließlich wieder mit beiden Füßen auf dem Boden stehst, dann hat sich die Bewegungsenergie wieder umgewandelt. Aber in was denn jetzt? Hättest du Sprungfedern an den Füßen, wäre die Sache einfach: Die Federn würden sich spannen – wieder eine Form der Energie – und du würdest wieder in die Luft geschossen. So aber – ohne die Sprungfedern – scheint die Energie tatsächlich verschwunden zu sein.

* WÄRME

Weg ist sie aber noch lange nicht. Es wird nur schwerer, sie zu finden! Wenn Energie irgendwo verschwunden zu sein scheint, hat sie sich meist in Wärmeenergie umgewandelt. Bei deinem Sprung von der Mauer passiert das durch die leichte Erschütterung, die der Boden und dein Körper erfahren. Körper und Erdboden erwärmen sich nahezu unmerklich.

* ALSO DOCH WEG!

Das Problem: Dieses bisschen Wärme verteilt sich nahezu unkontrolliert. Die Energie lässt sich nicht mehr wirklich nutzen. Auch wenn sie nicht wirklich weg ist. Das ist auch gemeint, wenn von Energieverbrauch die Rede ist: In der gesamten Kette der Energieumwandlungen kommt man irgendwann an den Punkt, an dem sich die Energie in eine nicht mehr nutzbare Form umgewandelt hat.

Um uns zu bewegen, sind auch wir Menschen auf Energiezufuhr angewiesen. Wir erhalten sie in Form von Nahrung.

Die Energie einer Tafel Schokolade reicht, um etwa eine Stunde lang zu joggen.

Wenn wir mehr Energie aufnehmen, als wir verbrauchen, wird sie auf chemische Weise gespeichert: Wir setzen Fett an!

Wäschetrockner sind mit die größten Energiefresser, die im Haushalt zu finden sind. Pro Stunde verbraucht ein Wäschetrockner so viel Energie wie 75 herkömmliche Glühbirnen oder 375 Energiesparlampen. Das Schlimme dabei: Ein Trockner produziert enorm viel Wärme, die mit dem warmen Kondenswasser meistens einfach weggekippt wird.

Das Perpetuum mobile ist ein Menschheitstraum: eine Maschine, die sich selbstständig beliebig lange bewegen kann und bestenfalls sogar noch Arbeit verrichtet. Immer wieder versuchen sich Bastler daran, so eine Maschine doch noch zu konstruieren – und scheitern an den Naturgesetzen.

Kernkraftwerke galten lange Zeit als die Lösung des Energieproblems. Sie können mit relativ wenig radioaktivem Material sehr viel Strom erzeugen. Dabei entstehen keine schädlichen Abgase. Allerdings weiß niemand, wohin mit dem gefährlichen Atommüll. Der gibt nämlich noch etwa eine Million Jahre lang gefährliche radioaktive Strahlung ab. Spätestens seit dem Reaktorunfall in Fukushima, Japan, im März 2011 ist den meisten klar, dass Atomstrom doch keine Lösung ist.

Derzeit wird ein Großteil der in Deutschland benötigten Energie aus Kohle und Öl gewonnen. Die beiden Rohstoffe werden in Kraftwerken verbrannt, um Strom und Wärme zu erzeugen. Doch beide Energiequellen haben zwei große Nachteile: Kohle und Öl stehen nicht unbegrenzt zur Verfügung. Noch schlimmer: Das bei der Verbrennung entstehende Kohlenstoffdioxid schädigt das Klima.

Vermutlich schon vor etwa 6 000 Jahren fuhren in Ägypten die ersten Segelschiffe über den Nil. Die Segelschifffahrt war die erste Nutzung der Windkraft und lange Zeit auch die einzige. Erst einige tausend Jahre später wurde die erste Windmühle gebaut.

Wie der Wind zur Steckdose fand

Ägypten, ca. 4 000 vor Christus: Ein Schiff transportiert Getreide, Öle und Edelsteine entlang des Nils. Die Ruder stehen still und trotzdem fährt das Schiff gegen den Strom. Möglich macht das ein großes Stück Stoff, das an einem Mast auf dem Schiff befestigt ist: das Segel! Die Menschen am Ufer sehen dem Schiff staunend hinterher, denn nicht Muskelkraft treibt das Schiff voran – es ist der Wind!

* SEGELSCHIFF

Der Anblick des ersten Segelschiffs muss für die Menschen etwas Magisches gehabt haben. Tatsächlich war das erste Segelschiff allerdings keine Magie, sondern eine technische Revolution: Zum ersten Mal in der Geschichte der Menschheit hat man sich die Energie des Winds zunutze machen können. Doch es sollte noch einige tausend Jahre dauern, bis die Menschen eine weitere Möglichkeit fanden, sich schweißtreibende Arbeit vom Wind abnehmen zu lassen.

* WINDMÜHLEN

Obwohl erste windbetriebene Maschinen bereits im 1. Jahrhundert n. Chr. bekannt waren, verhalfen erst die Windmühlen, die ab dem 12. Jahrhundert n. Chr. in ganz Europa erbaut wurden, der Windkraft zu wirklicher Bedeutung. Endlich gab es eine Alternative zu den bereits weitverbreiteten Wassermühlen: Getreide konnte nun auch fernab großer Flüsse oder reißender Bäche in großen Mengen zu Mehl gemahlen werden.

STROMERZEUGUNG

Wenn wir heute – rund 700 Jahre nach dem Bau der ersten modernen Windmühlen – von Windenergie sprechen, ist in der Regel die Stromerzeugung aus Windkraft gemeint. Klassische Windmühlen und andere Maschinen wie z. B. Schmieden oder Sägewerke, die direkt mit Windkraft betrieben werden, spielen keine nennenswerte Rolle mehr.

Erste Strom erzeugende Windenergieanlagen sind bereits kurz nach Beginn der Elektrifizierung um 1880 konstruiert worden. Doch wirkliche Bedeutung erlangten sie erst seit den 1970er-Jahren. Damals standen nicht Klima- oder Umweltschutzgründe im Vordergrund, sondern die schlichte Erkenntnis, dass alles Öl und alle Kohle der Welt in nicht allzu ferner Zukunft verbraucht sein würden. So begann weltweit der Bau und die Erforschung von Strom erzeugenden Windanlagen.

VIEL BRINGT VIEL?

In den USA versuchte man es zunächst mit vielen kleinen Windenergieanlagen. Fährt man mit dem Auto über die kalifornische Autobahn 580, erblickt man einen der ältesten, größten und spektakulärsten Windparks der Welt: die Altamont-Windfarm. Fast 5 000 kleine Windenergieanlagen verrichten hier ihren Dienst. Viele der bis zu 30 Jahre alten Windräder sind nach heutigen Maßstäben völlig veraltet. Sie produzieren mit oft gerade einmal 50 Kilowatt nur ein Hundertstel der Energie der Windräder neuester Generation. Neben der geringen Leistung sind diese kleinen Windräder auch in anderer Hinsicht problematisch. Aufgrund ihrer geringen Größe sind sie für Vögel besonders gefährlich.

DER VERLETZLICHE RIESE

In Deutschland versuchte man es auf ganz andere Weise. Ein einzelner Riese sollte den Weg in die Windenergiezukunft weisen. Am Kaiser-Wilhelm-Koog an der Nordsee – in einer der windstärksten Gemeinden Deutschlands – entstand Growian: die **Gro**ße **Wi**nd-energie **An**lage.

Growian startete selbstbewusst als Weltrekordhalter. Mit drei Megawatt (3 000 Kilowatt) Leistung stellte er alle anderen Windenergieanlagen seiner Zeit locker in den Schatten. Er allein hätte 60 der kleineren Anlagen der Altamont-Windfarm ersetzen können. Auch seine Maße waren beeindruckend: Mit 100 Metern Turmhöhe und einem Rotordurchmesser von ebenfalls 100 Metern war er tatsächlich ein Gigant unter den damaligen Windrädern. Betrachtet man ihn aus heutiger Sicht, fällt aber vor allem eines auf: Sein Rotor verfügt über nur zwei Flügel.

Growian war zwar groß und kräftig, aber vor allem auch außerordentlich kränklich. Als die Anlage 1987 nach vierjähriger Betriebszeit stillgelegt wurde, hatte sie insgesamt nur 420 Stunden fehlerfrei funktioniert: nicht einmal 18 Tage!

Die Altamont-Windfarm ist noch immer einer der größten Windparks der Welt. Die technisch überwiegend veralteten, vergleichsweise kleinen Windräder sind für viele Vögel gefährlich. 2010 wurde auch aufgrund der Gefahren für Vögel beschlossen, rund die Hälfte der fast 5 000 Windenergieanlagen durch modernere zu ersetzen.

Growian war lange Zeit die größte und leistungsfähigste Windenergieanlage der Welt. Leider war er sehr fehleranfällig. Besonders das Material konnte den Belastungen oft nicht standhalten. Auffällig ist, dass sein Rotor nur zwei Flügel besitzt.

Die ab dem 12. Jahrhundert in Europa aufkommenden Windmühlen funktionieren nach demselben Prinzip wie heutige Windmühlen. Durch das Flügelprofil wird durch den Wind eine Auftriebskraft erzeugt, die die Flügel bewegt. Bei dieser holländischen Windmühle kann der obere Teil des Dachs gedreht werden, um die Flügel optimal zum Wind auszurichten. Bei früheren Windmühlenarten musste noch das ganze schwere Mühlenhaus gedreht werden.

Windkraftanlagen gehören schon seit vielen Jahren zu unserer Landschaft. Und es werden immer mehr. Doch nicht allen gefällt das. An vielen Orten protestieren Bürger gegen den Bau von Windrädern. Sie befürchten Einschränkungen ihrer Lebensqualität durch Schattenwurf und Geräuschentwicklung. Manche finden sie nur einfach nicht schön, andere wiederum sorgen sich um den Wert des eigenen Grundstücks.

STROMVERBRAUCH

Ein Haushalt mit vier Personen verbraucht an einem Tag etwa 14 Kilowattstunden elektrische Energie. Ein Windrad mit 500 Kilowatt Leistung kann bei ausreichendem Wind etwa 900 solcher Haushalte mit Strom versorgen.

Diese aus Westernfilmen bekannte Windradart wird überwiegend eingesetzt, um Pumpen anzutreiben. Damit werden die Felder der nordamerikanischen Farmer be- und entwässert. Das Rad wird durch die Fahne automatisch in den Wind gedreht.

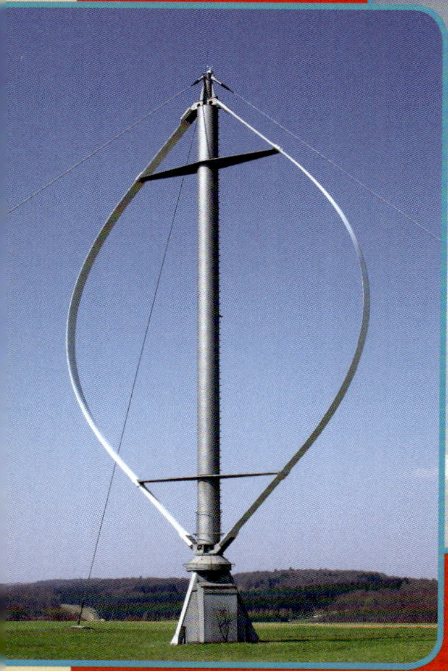

Der Franzose Georges Darrieus hat sich in der ersten Hälfte des 20. Jahrhunderts einen Rotor patentieren lassen, der sich um eine senkrechte Achse dreht. Gegenüber den üblichen Bauweisen mit waagerechter Drehachse kann dank der speziellen Flügelform auf eine Vorrichtung verzichtet werden, die den Rotor in den Wind dreht.

Das Bahrain World Trade Center: Zwischen den beiden Bürotürmen befinden sich drei Windturbinen. Bis zu 15 Prozent des Energiebedarfs des Gebäudes sollen so gedeckt werden. Die Form des Gebäudes dient als »Windkonzentrator«. So können die starr montierten Propeller auch bei ungünstigen Windrichtungen noch immer Strom erzeugen.

* WINDPARKS

Der größte Erfolg von Growian lag somit in seinem Misserfolg. Man wusste: So geht es nicht! Doch das Interesse an der Windkraft war ungebrochen. Schließlich führten die Erfahrungen mit Growian zu einem Umdenken. Nicht eine einzelne Windenergieanlage sollte mit einem konventionellen Gas-, Kohle- oder Atomkraftwerk konkurrieren, sondern mehrere kleinere in Windparks zusammengefasste Windräder.

Am Kaiser-Wilhelm-Koog, dort wo zuvor der Growian gescheitert war, entstand schließlich der erste Windpark Deutschlands mit zunächst lediglich drei Windkraftanlagen. Die einzelnen Anlagen waren mit einer Leistung von 500 Kilowatt deutlich leistungsfähiger als die kleinen Anlagen der Altamont-Windfarm, aber weit von der Leistung des Growian entfernt. Dafür funkionierten sie ganz hervorragend. Ein Vorteil der Windparks im Vergleich zu starken Einzelanlagen zeigt sich auch darin. Der Windpark ist mit der Zeit um weitere Windräder erweitert worden. Darüber hinaus konnten die älteren Anlagen vergleichsweise einfach durch neuere, leistungsfähigere ersetzt werden.

* OFFSHORE

Mittlerweile sind Windparks in ganz Deutschland fester Bestandteil unserer Landschaft. Doch die Zukunft der Windenergie liegt vermutlich im Meer. Damit sich eine Windenergieanlage für ihre Betreiber lohnt, muss sie möglichst viel Strom erzeugen. Das geht aber nur, wenn möglichst oft möglichst viel Wind weht. Genau das ist vor der Küste gegeben. Hier weht der Wind beständiger und kräftiger. Dafür allerdings gilt es, Probleme zu lösen, die sich an Land gar nicht erst stellen würden. Mehr zum Abenteuer Offshore findest du auf S. 21.

DIE EINZELNEN BESTANDTEILE EINER WINDKRAFTANLAGE: *Die Gondel (1) beinhaltet den eigentlichen Stromgenerator und wird auch* **Generatorhaus** *genannt. Turmelemente und Flügel müssen als Schwertransport entweder per Lkw oder Bahn transportiert werden. Tagsüber kann man sie oft an Autobahnraststätten stehen sehen.*

DU BIST DRAN:

Halte ein Blatt Papier an einem Ende so in der Hand, dass das gegenüberliegende Ende herunterhängt. Wenn du von unten gegen das Papier bläst, wird es nach oben angehoben. Hier stellt sich das Papier mit seinem Luftwiderstand deinem Pusten entgegen. So funktionieren »Widerstandsläufer«.

Pustest du flach über das Papier hinweg, so wird es wieder nach oben gedrückt. Das Blatt Papier erfährt durch die Luftströmung einen Auftrieb. Das ist das Funktionsprinzip eines »Auftriebsläufers«.

»Einer für alle« –

Das Herzstück moderner Stromerzeugung ist wie schon vor 100 Jahren der

Der englische Wissenschaftler Michael Faraday (1791–1867) entdeckte 1831 das Induktionsprinzip. Heute verbinden wir seinen Namen meist mit dem Faradaykäfig: In einem geschlossenen Metallkäfig ist man vor Blitzen geschützt.

* DER GENERATOR

Ein Kernkraftwerk hat einen, ein Biogaskraftwerk auch. Wasserkraftwerke wären ohne ihn bloße Staudämme, Windräder nutzlose Dekoration. Selbst viele Arten von Solarstrom zu erzeugen, würde ohne ihn nicht funktionieren. Er ist die universelle Strommaschine, der Motor der stromhungrigen Gesellschaft: der Generator.

* MAGNET, METALL UND BEWEGUNG

Das dem Generator zugrunde liegende Prinzip entdeckte der Forscher Michael Faraday im Jahr 1831: Wird ein Stück Draht in einem Magnetfeld bewegt, so fließt durch ihn elektrischer Strom. Elektromagnetische Induktion nennen das die Physiker. Schon kurz nach der Entdeckung machten sich Wissenschaftler auf der ganzen Welt an die Aufgabe, eine Maschine zu entwickeln, die auf dieser Grundlage elektrischen Strom produzieren sollte. Viel Strom. Heute basiert unsere gesamte Stromversorgung im Grunde auf den Maschinen, die damals erfunden wurden.

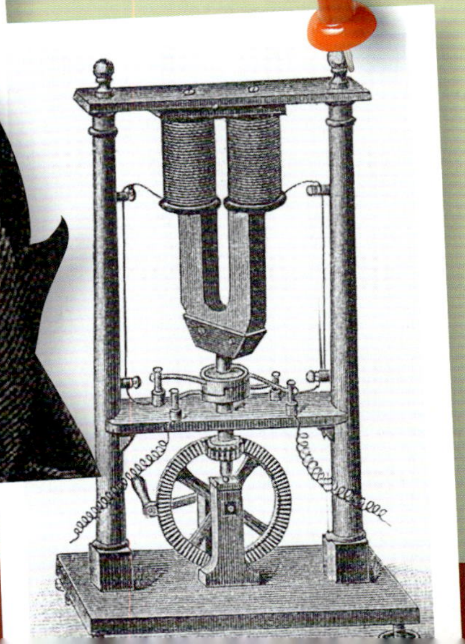

Nur ein Jahr nach der Entdeckung des Induktionsprinzips durch Michael Faraday baute der Franzose Antoine-Hippolyte Pixii diese Wechselstrommaschine. Es ist die früheste bekannte Form eines elektrischen Generators.

Die Strommaschine

elektrische Generator. So viel Strom wie mit ihm kann auf andere Weise nicht erzeugt werden.

In vielen Kraftwerken werden die Generatoren von Turbinen angetrieben. Im Innern drehen sich Schaufelräder, die von einem Gas oder einer Flüssigkeit durchströmt werden.

Auch in einem Fahrraddynamo steckt ein Stromgenerator. Angetrieben wird er durch das kleine Rädchen, das von der Seite an den Fahrradreifen gedrückt wird.

* UMWICKELTES EISEN

Die Erfolg bringende Idee: Wickelt man einen langen Draht auf eine Spule, so verhält er sich wie viele Drähte. Dreht man die Spule also in dem Magnetfeld, erzeugt jede einzelne Wicklung zwar nur ein wenig Strom. Alle zusammen aber können Strom in großen Mengen liefern. Eine weitere Entdeckung machte den Generator endgültig brauchbar: Wenn man den Draht nicht um eine leere Röhre wickelt, sondern um einen Eisenstab, dann wird die Leistung des Generators noch um ein Vielfaches gesteigert. Nach diesem Prinzip arbeiten Generatoren in allen erdenklichen Größen: Vom Minigenerator in der Armbanduhr bis zum Riesenkraftwerk. Auch in jedem Haushalt dürfte der ein oder andere Generator zu finden sein: Der Fahrraddynamo ist nichts anderes als ein Generator.

Damit sich die Windkraftanlagen nicht gegenseitig stören, müssen sie einen Mindestabstand einhalten. Der Abstand zwischen den einzelnen Anlagen beträgt 800 Meter.

Deutlich ist zu erkennen, dass die einzelnen Windanlagen in einem Raster angeordnet sind.

ALPHA VENTUS

»alpha ventus« ist der erste deutsche Offshorewindpark. Zwölf Windkraftanlagen verrichten hier seit 2010 ihren Dienst. Technisch bedeutet der auch zu Forschungszwecken gebaute Park Neuland. Nie zuvor hat man solch große Windräder in derart tiefer und stürmischer See gebaut.

Abenteuer »Offshore«

April 2010. Endlich ist es so weit: Nach mehrjähriger Bauzeit unter schwierigsten Wetterbedingungen können die zwölf Windkraftanlagen des ersten deutschen Offshorewindparks »alpha ventus« endlich in Betrieb genommen werden. Wind macht Wellen.

»Offshore« ist Englisch und bedeutet »vor der Küste«, also mitten im Meer. Dort, wo der Wind besonders kräftig und vor allem sehr beständig weht. Nichts stellt sich hier dem Wind in den Weg. Kein Haus, kein Wald, kein Feld. Nur das Meer selbst setzt ihm Widerstand entgegen: Wenn der Wind über die Wasseroberfläche streift, nimmt er sie ein Stück weit mit. Die Folge: Wellen. Je stärker der Wind, desto höher die Wellen.

Hier, 45 Kilometer nördlich der Insel Borkum, ist der Wind besonders stark. Das ist gut für die Windkraftanlagen, die hier errichtet werden sollen. Doch bei schlechtem Wetter sind die Wellen hier bis zu 17 Meter hoch.

Das dreibeinige Fundament wird meist englisch als »Tripod« (»Dreibein«) bezeichnet. Am Meeresgrund ist es weit größeren Belastungen ausgesetzt als das Fundament eines Windrads an Land. Schließlich ist der Meeresboden ständig in Bewegung. Dazu müssen die Offshorewindräder schwere Stürme und Strumfluten und auch den Zusammenstoß mit Eisschollen überstehen.

* DAS LANGE WARTEN

Also heißt es: Warten. Warten bis das Wetter mitspielt. Die Planer des Windparks sprechen von einem »Wetterfenster«. Mindestens vier Tage muss es sich öffnen, damit mit den Arbeiten begonnen werden kann. Die Vorbereitungen werden deshalb von hochpräzisen Wettervorhersagen unterstützt. Doch Unterbrechungen müssen immer miteingeplant werden. Wie im August 2008, als die Arbeiten an den Fundamenten abgebrochen werden mussten, weil das Wetter sich sehr schnell verschlechtert hatte.

* DIE GRÜNDUNG

Öffnet sich das Wetterfenster, muss alles sehr schnell gehen. Riesige Spezialschiffe bringen die Fundamente – dreibeinige Stahlkolosse, 45 Meter hoch und 700 Tonnen schwer – zu ihrem Bestimmungsort. Hier werden sie am Meeresgrund befestigt. Die Ingenieure nennen das »Gründung«. Keine leichte Aufgabe in 30 Meter tiefem Wasser. Von der Hubplattform Odin aus werden die Fundamente am Meeresboden förmlich festgenagelt. Mit 40 Meter langen »Nägeln« aus Stahl. Für dauerhaften Halt wird das Fundament schließlich mit Beton vergossen.

Die Hubplattform Odin ist so etwas wie eine schwimmende Großbaustelle. Selbstständig bewegen kann sie sich nicht. Sie muss von Schleppern an ihren Einsatzort befördert werden. Dort angekommen, fährt sie ihre Beine aus, bis sie sicher auf dem Meeresgrund steht. Der Krahn an Deck kann Lasten bis 300 Tonnen heben. Die Odin bietet Platz für eine 40 Mann starke Besatzung.

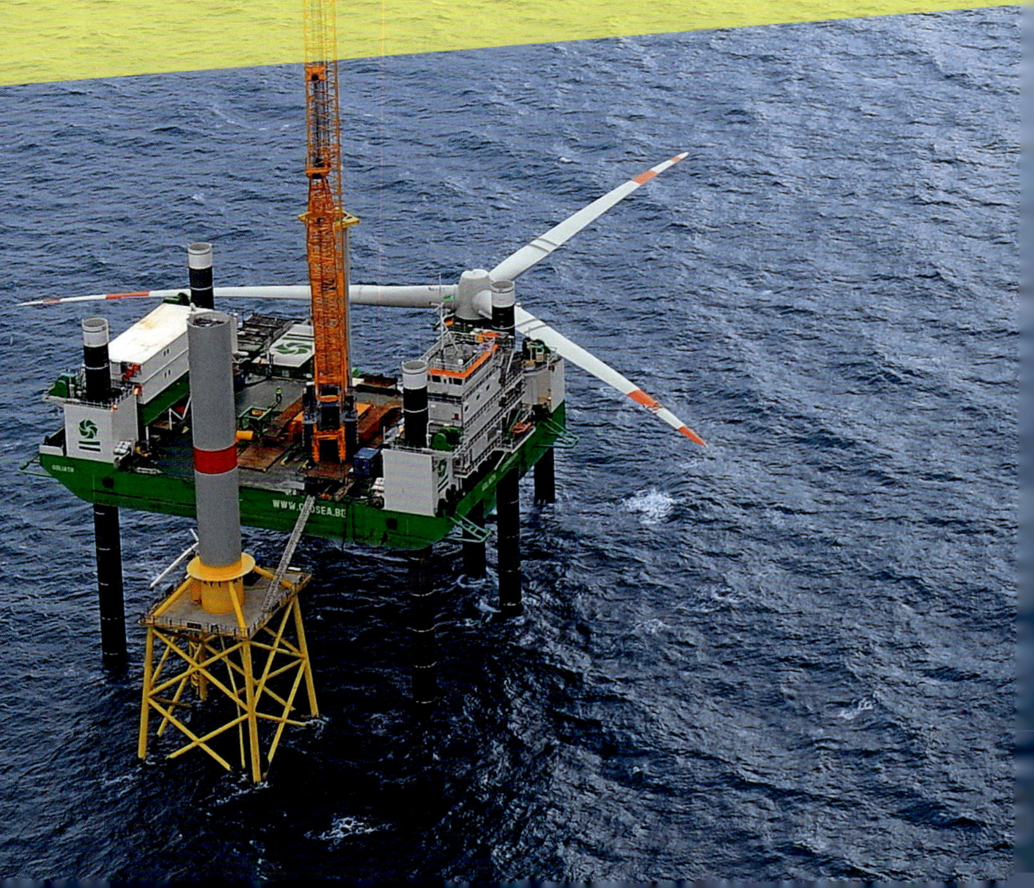

Eine Umspannstation gehört zu jedem Offshorewindpark. Hier wird der Strom der gesamten Windräder gesammelt und so aufbereitet, dass er ohne allzu große Verluste zum Festland gelangen kann. Eine solche Station wiegt mehr als 3 000 Tonnen. Es gibt nicht viele Kräne, die solche Lasten tragen können.

* TURMBAU

Steht das Fundament, so kann mit dem Turmbau begonnen werden. Sofern sich das Wetterfenster wieder öffnet. In sechs Schritten wird Stück für Stück der Turm zusammengesetzt, bis schließlich die Gondel und der Rotor befestigt werden können.

Damit es auf dem Meer besonders schnell geht, wird so viel wie möglich in den Häfen vormontiert. Selbst der Rotor wird in einem Stück zum Windpark transportiert. Das klingt zunächst einfach. So ein Rotor ist aber so riesig, dass er nicht einmal auf ein Fußballfeld passen würde. Bei solchen Dimensionen stoßen viele Häfen an ihre Grenzen.

* NETZANSCHLUSS

Auch wenn die Windenergieanlagen im Meer besonders viel Strom erzeugen können: Nutzen möchte man ihn an Land. Dazu werden die einzelnen Anlagen zunächst mit einer Umspannstation verbunden. Auch sie ist von gigantischen Ausmaßen und so schwer wie 200 Elefanten. Von dort aus wird der Strom schließlich mit Seekabeln zum Festland geführt.

Eigentlich! Denn gerade dieser auf den ersten Blick einfach erscheinende Schritt stellt derzeit eine der größten Schwierigkeiten dar. Die wenigen Firmen, die dazu in der Lage sind, sind ausgelastet. Der Anschluss an das Stromnetz gerät derzeit ins Stocken und damit der gesamte Ausbau der Offshorewindenergie.

Der Rotor einer Windkraftanlage wird an Land montiert. Obwohl er zu groß für ein Fußballfeld wäre, kann er mit dem Spezialschiff zum Windpark transportiert werden. Das Problem ist, dass nicht alle Häfen für solche Transportaufgaben genügend Platz bieten.

Schon ab einer Wellenhöhe von zwei Metern können die Anlagen mit dem Schiff nicht mehr erreicht werden. Das Anlegemanöver wäre zu gefährlich. Die Servicetechniker werden dabei mit dem Hubschrauber zur Anlage geflogen. Aus 20 Metern Höhe seilen sie sich auf eine nur wenige Quadratmeter große Fläche auf der Gondel ab.

Ein alles vernichtendes Feuer brennt in ihrem Innern. Feuerstürme wüten auf ihrer Oberfläche. So könnte man sich auch die Hölle vorstellen. Doch mit dem richtigen Abstand betrachtet, ist die Sonne die Grundlage allen Lebens und die wichtigste Energiequelle unserer Welt.

Superkraftwerk Sonne

CHLOROPHYLL

Pflanzen sind nicht grün, weil es schön aussieht. Der grüne Farbstoff »Chlorophyll«, der den Blättern die Farbe verleiht, ist für die Fotosynthese verantwortlich. Er verwandelt also die Energie des Lichts in chemische Energie.

ONSREAKTOR

uten benötigt das Licht der
is es die Erde erreicht. Es
in ihrem Innern. Dort werden
onen von Jahren die Kerne von
toffatomen zu Heliumkernen
olzen. »Kernfusion« nennen
hysiker. Die Energie, die dabei
, strahlt die Sonne in Form
in alle Richtungen in das
Auf der Erde kommt davon
Bruchteil an. Doch der hat es
och in sich: Innerhalb einer
trahlt die Sonne mehr Energie
rde als die gesamte Weltbe-
g in einem Jahr verbraucht!

CHTBARES LICHT – ARME AUS DEM ALL

em Licht in allen Regenbo-
n enthält das Sonnenlicht
ße Mengen ultravioletter und
r Strahlung. Anders als das
iche Licht sind diese für das
iche Auge nicht sichtbar. Das
icht kennt man auch unter
deren Namen: Wärmestrah-
nn du Infrarotlicht sichtbar
möchtest, probiere doch mal
riment aus.

* KRAFTSTOFF DER WINDE

Die Wärmestrahlung der Sonne ist die wichtigste Wärmequelle unserer Erde. Ohne sie könnte nichts auf der Erde überleben. Doch sie verursacht noch viel mehr: Land und Wasser nehmen die Sonnenwärme unterschiedlich gut auf und geben sie auch unterschiedlich schnell wieder ab – so entstehen die zahlreichen Winde auf der Erde.

* PFLANZENNAHRUNG

Aber wie kann die Energie der Sonne gespeichert werden? Pflanzen können das schon lange. Sie speichern die Energie auf chemische Weise. Durch die sogenannte Fotosynthese erzeugen sie mithilfe des Lichts energiereiche Stoffe wie Traubenzucker und Stärke. In ihnen speichern die Pflanzen die Kraft der Sonne. So ist schließlich auch die Energie, die wir aus der Verbrennung von Biomasse gewinnen, am Ende doch wieder Sonnenenergie. Mehr über Biomasse erfährst du auf S. 48.

DU BIST DRAN:

Unsichtbares Infrarotlicht kann man auch sichtbar machen: Richte die Fernbedienung eines Fernsehers auf das Objektiv einer Handykamera. Drückst du nun eine Taste auf der Fernbedienung, siehst du deutlich einen leuchtenden Punkt. Anders als das menschliche Auge sind die Bildsensoren in den meisten Handykameras auch für das Infrarotlicht der Fernbedienung empfindlich.

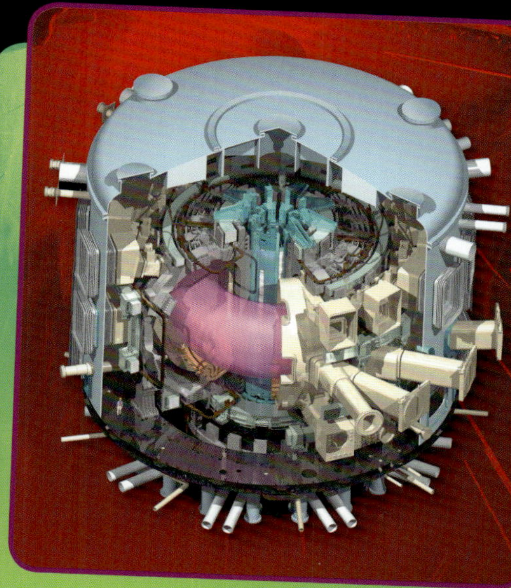

In solch einem Kernfusionsreaktor versuchen Forscher, so etwas wie eine künstliche Sonne zu bauen. Sie wollen so die Kernfusion auf der Erde zur Energiegewinnung nutzen.

Bei einer Kernfusion verschmelzen ein Deuteriumkern und ein Tritiumkern (zwei Varianten des Wasserstoffs) zu einem Heliumkern miteinander. Dabei wird ein Neutron und eine Menge Energie frei.

Strom aus Sand

Bläulich glänzende Schilde liegen im Feld. Fast erinnern sie an Liegestühle, die für hunderte sonnenhungriger Urlauber bereitstehen. Doch hier geht es nicht um Erholung. Hier wird Strom erzeugt.

und Sonne

FÖRDERUNG VON SOLARANLAGEN

Durch die Bundesregierung lange Zeit gefördert, findet man Solarzellen auf vielen Hausdächern. Mittlerweile werden diese Solaranlagen nicht mehr gefördert. Grund: Wegen der mäßigen Sonneneinstrahlung in Deutschland erscheint diese Art der Energiegewinnung hierzulande nicht mehr wirklich lohnend. Die frei werdenden Fördergelder sollen in die Erforschung und Förderung anderer alternativer Energien gesteckt werden.

* SOLARZELLEN

Sie stehen in großen Feldern am Rand der Autobahnen oder schmücken schimmernd die Dächer zahlreicher Wohnhäuser: Fotovoltaikanlagen. In ihnen verrichten unzählige Solarzellen ihren Dienst und produzieren elektrischen Strom aus Sonnenlicht. Anders als alle anderen Kraftwerksarten kommen sie ohne einen Generator aus, der ähnlich einem Fahrraddynamo Strom erzeugt. Ob Gaskraftwerk, Wasserkraftwerk oder Atomkraftwerk – ohne großen Generator könnte kein Strom entstehen. Lies zum Thema »Generator« weiter auf S. 18.

* ENTDECKUNG

Eine Solarzelle braucht das nicht. Sie erzeugt Strom durch den sogenannten »Fotovoltaischen Effekt«. Seine Entdeckung war reiner Zufall! Denn eigentlich erforschte der französische Wissenschaftler Alexandre Edmond Becquerel eine ganz andere Art der Stromerzeugung: sogenannte »elektrolytische Zellen«: Vorläufer der heutigen Batterien, in denen zwei Platinplatten in einem Säurebad Strom erzeugen. Bei seinen Versuchen machte er eine unerwartete Entdeckung: Fiel Licht auf eine der Platinplatten, so erzeugte die Zelle einen stärkeren elektrischen Strom. Er hatte also eine Möglichkeit gefunden, Licht direkt in elektrische Energie umzuwandeln – der fotovoltaische Effekt!

* TELEGRAFENSTATION

An eine praktische Anwendung war zu dem Zeitpunkt noch nicht zu denken. Die ersten Solarzellen produzierten einfach nicht genügend Strom. Erst in den 1950er-Jahren gelang der technische Durchbruch. Ein Forscherteam der amerikanischen Telefongesellschaft Bell sollte eine Technik entwickeln, mit der Telefonverstärkerstationen auch in abgelegenen Gebieten der USA betrieben werden konnten, die keinen Anschluss an das Stromnetz hatten. Sie waren erfolgreich.

Im Jahr 1954 – über 100 Jahre nach der Entdeckung des fotovoltaischen Effekts – präsentierten die Forscher ihre »Solar Batterie« (Sonnenbatterie) der Weltöffentlichkeit. Ein Meilenstein!

In Belichtungsmessern für Fotokameras konnte man die Solarzellen zwar nicht sehen, trotzdem war dies die anfangs verbreitetste Anwendung der Fotovoltaik in Haushalten. Später folgten Solartaschenrechner und solarbetriebene Armbanduhren.

DIE GRAPEFRUIT

Schon kurze Zeit später, im Jahr 1958, sollte der kleine Satellit Vanguard 1 der Welt zeigen, wie leistungsfähig die neue Stromquelle wirklich war. Als zweiter ins All gestarteter Satellit der USA überhaupt, machte Vanguard 1 einen eher mickrigen Eindruck. Mit einem Durchmesser von gerade einmal 16,5 Zentimetern war die kleine, mit Antennen bespickte Kugel nicht viel größer als eine geballte Faust. Der damalige sowjetische Staatschef Nikita Chruschtschow verspottete ihn sogar als Grapefruit.

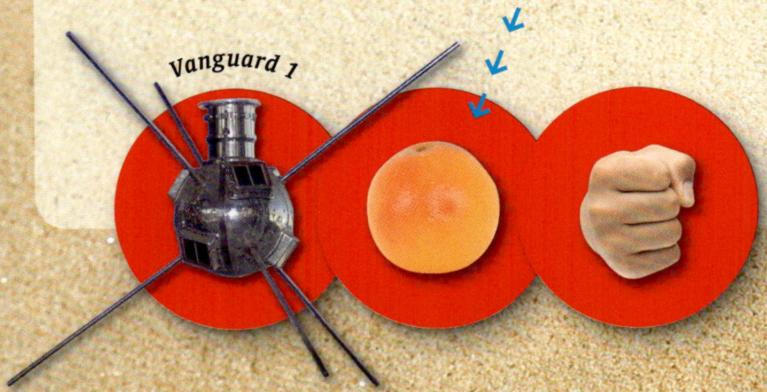

Doch er war etwas ganz Besonderes: Um Messdaten zur Erde zu funken, war Vanguard 1 mit zwei Sendern ausgestattet: einem batteriebetriebenen und einem, der seine Energie aus sechs kleinen Solarzellen, die an Vanguards Außenhülle befestigt waren, bezog. Niemand wusste genau, wie lange die Solarzellen der starken Strahlung im Orbit standhalten könnten.

Am Ende überraschte der kleine Satellit alle: Beinahe sieben Jahre lang funkte Vanguard 1 Messsignale zur Erde. Dem batteriebetriebenen Sender war bereits nach nicht einmal zwei Monaten der Strom ausgegangen.

VOM SAND ...

Heute sind Solarzellen und -panele in allen Größen bereits alltäglich. Hergestellt werden sie aus Silizium, das Quarzsand in großen Mengen enthält. Quarzsand findet man in großen Mengen überall auf der Welt. Er besteht zu großen Teilen aus Siliziumdioxid. Um aus dem Sand hochreines Silizium zu gewinnen, muss dem Siliziumdioxid der Sauerstoff entzogen werden. Das gelingt, indem man das Siliziumdioxid zusammen mit Koks, also Kohlenstoff, auf etwa 1 800° Celsius erhitzt. Zur anschließenden chemischen Reinigung wird das Silizium mit Salzsäure vermengt, gekocht und anschließend destilliert. Am Ende ist das Silizium so rein, dass man zwischen einer Milliarde Siliziumatomen nur noch ein einziges Fremdatom finden könnte.

Der Rohstoff Silizium ist in großen Mengen verfügbar, denn er ist der Hauptbestandteil ganz normalen Sands. Silizium gilt als das zweithäufigste chemische Element der Erdkruste. Auch der Streusand, der im Winter bei Glätte verwendet wird, besteht größtenteils aus Siliziumdioxid.

Das hochreine Rohsilizium ist noch nicht dazu geeignet, Strom zu erzeugen. Erst in Form sogenannter »Wafer« – dünner Scheiben aus einem einzigen Siliziumkristall – hat es die nötigen elektrischen Eigenschaften. Dazu wird es noch einmal eingeschmolzen und in einem achtstündigen Prozess langsam abgekühlt. Es entsteht ein einziger Kristallblock, der anschließend in dünne Scheiben geschnitten wird.

* … ZUM KRISTALL …

Noch immer ist das Silizium in dieser Form nicht zur Stromgewinnung geeignet. Es mangelt ihm an Ordnung. Und noch etwas fehlt: Das Silizium ist nun zu sauber! Erst kleine Verunreinigungen verleihen ihm die angestrebten elektrischen Eigenschaften. Allerdings muss die Menge und Art der Verunreinigung sehr exakt stimmen. Das Silizium wird also gezielt mit Bor oder Phosphor verunreinigt, wieder eingeschmolzen und am Ende so abgekühlt, dass ein einzelner Kristallblock entsteht.

* … ZUR SOLARZELLE

Dieser Kristallblock wird anschließend in hauchdünne Scheiben zerschnitten – die »Wafer« (das ist Englisch und bedeutet »Waffel« oder »Oblate«, denn so ähnlich sehen die kleinen Platten aus). Den Vorgang kann man sich ähnlich vorstellen wie einen Eierschneider. Nur sind hier die Schneidedrähte mit Diamanten besetzt. Die Wafer werden schließlich noch einmal aufwendig gereinigt und maschinell mit Kontakten versehen. Fertig ist die Solarzelle. Ein Solarpanel, auch Solarmodul genannt, besteht aus mehreren nebeneinander angebrachten Solarzellen.

Die Wafer, dünne Scheiben des kristallinen Siliziums, sind so dünn und zerbrechlich, dass keine Maschine sie voneinander trennen kann. Sie werden daher von Hand sortiert. Aus diesem Grund bestehen Solarpanele aus vielen einzelnen Solarzellen: Die einzelnen Zellen dürfen nur so groß sein, dass sie mit einer Hand umfasst werden können.

Ein Solarpanel besteht aus vielen einzelnen Solarzellen.

WIRKLICH SAUBER?

Die Herstellung von Solarzellen verschlingt sehr viel Energie. Vielfach werden auch giftige Schwermetalle bei der Produktion verwendet. Auch wenn die Solarzellen über viele Jahre auf erneuerbare Weise Strom erzeugen, ist der Strom nur richtig »sauber«, wenn auch in der Herstellung auf umweltverträgliche Verfahren und erneuerbare Energien zurückgegriffen werden kann.

Solarzellen müssen nicht immer auf Dächer montiert werden. Auch ganze Hausfassaden lassen sich mit ihnen bestücken. Diese können gerade im Winter bei niedrig stehender Sonne mehr Strom erzeugen als gleich große Anlagen auf einem Dach.

Um sie vor Verunreinigungen zu schützen, werden die Wafer im sogenannten »Reinraum« verarbeitet. Betreten darf man so einen Reinraum nur mit einem Schutzanzug. Nicht um sich selbst zu schützen, sondern um die Wafer vor dem feinen Schmutz zu schützen, den jeder mit sich herumschleppt. Im Raum herrscht ein erhöhter Luftdruck, sodass beim Öffnen der Eingangsschleuse keine verunreinigte Luft hineinströmen kann.

101 000 DÄCHER

In Deutschland ist die Fotovoltaik besonders durch Förderprogramme der deutschen Bundesregierung beflügelt worden. Zunächst im 1 000-Dächer – später im 100 000-Dächer-Programm wurde der Kauf von Fotovoltaikanlagen insgesamt mit einer Milliarde Euro finanziell gefördert. Den Produzenten solcher Anlagen bescherte das viele Kunden.

Aus dem auf dem Dach produzierten Strom wird übrigens nicht nur der eigene Strombedarf gedeckt. Nicht selbst genutzter Strom wird in das allgemeine Stromnetz eingespeist. Die Stromversorger sind verpflichtet, ihn zu einem festgeschriebenen Preis abzunehmen. Der Stromzähler läuft also mit Solarzellen auf dem Dach manchmal rückwärts.

Spieglein, Spieglein – was du kannst

Ein Bild wie aus einem Science-Fiction-Film: Tausende in Kreisen angeordnete Spiegel richten sich wie von Geisterhand zur Sonne aus. Sie lenken das Licht der Sonne auf ein gemeinsames Ziel: die Spitze eines Turms in ihrer Mitte.

Bei den richtigen Wetterverhältnissen kann man die Strahlen sehen, die von den einzelnen Heliostaten zur Turmspitze führen: Das Licht wird dann auch von Staubpartikeln in der Luft reflektiert.

Eine ähnliche Idee liegt den sogenannten »Parabolrinnenkraftwerken« zugrunde. Statt das Sonnenlicht auf einen zentralen Absorber zu lenken, laufen hier Rohre durch den Brennpunkt verspiegelter Rinnen. In den Rohren wird Öl erhitzt. Die Stromerzeugung geschieht am Ende wieder über Wärmetauscher, Dampfturbine und Generator.

Bei diesen kleinen Anlagen wird im Brennpunkt des Spiegels keine Flüssigkeit erhitzt, sondern ein sogenannter »Stirlingmotor« mit Wärme versorgt. Das ist ein sehr effizienter Motor, der direkt ohne Wasserdampf aus Wärme Bewegung erzeugen kann. Oft werden viele solcher Dish-Stirling-Anlagen in Energiefarmen zusammengefasst.

Parallel in einen Parabolspiegel einfallende Lichtstrahlen werden im Brennpunkt gesammelt. Weil die Heliostate im Gemasolar-Kraftwerk einzeln ausgerichtet werden können, entsteht so etwas wie ein an den Sonnenstand angepasster Parabolspiegel. Im Brennpunkt befindet sich die Turmspitze.

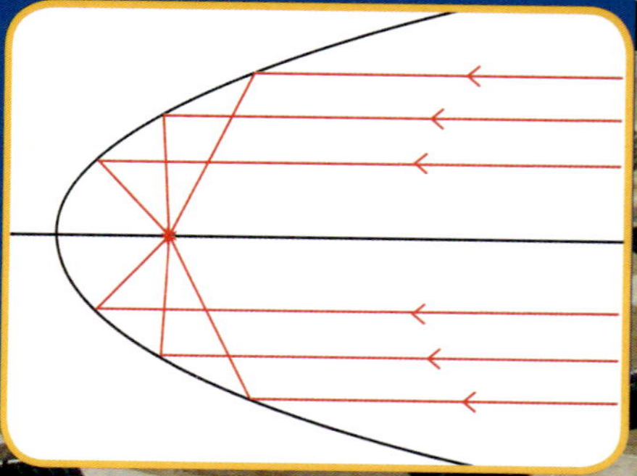

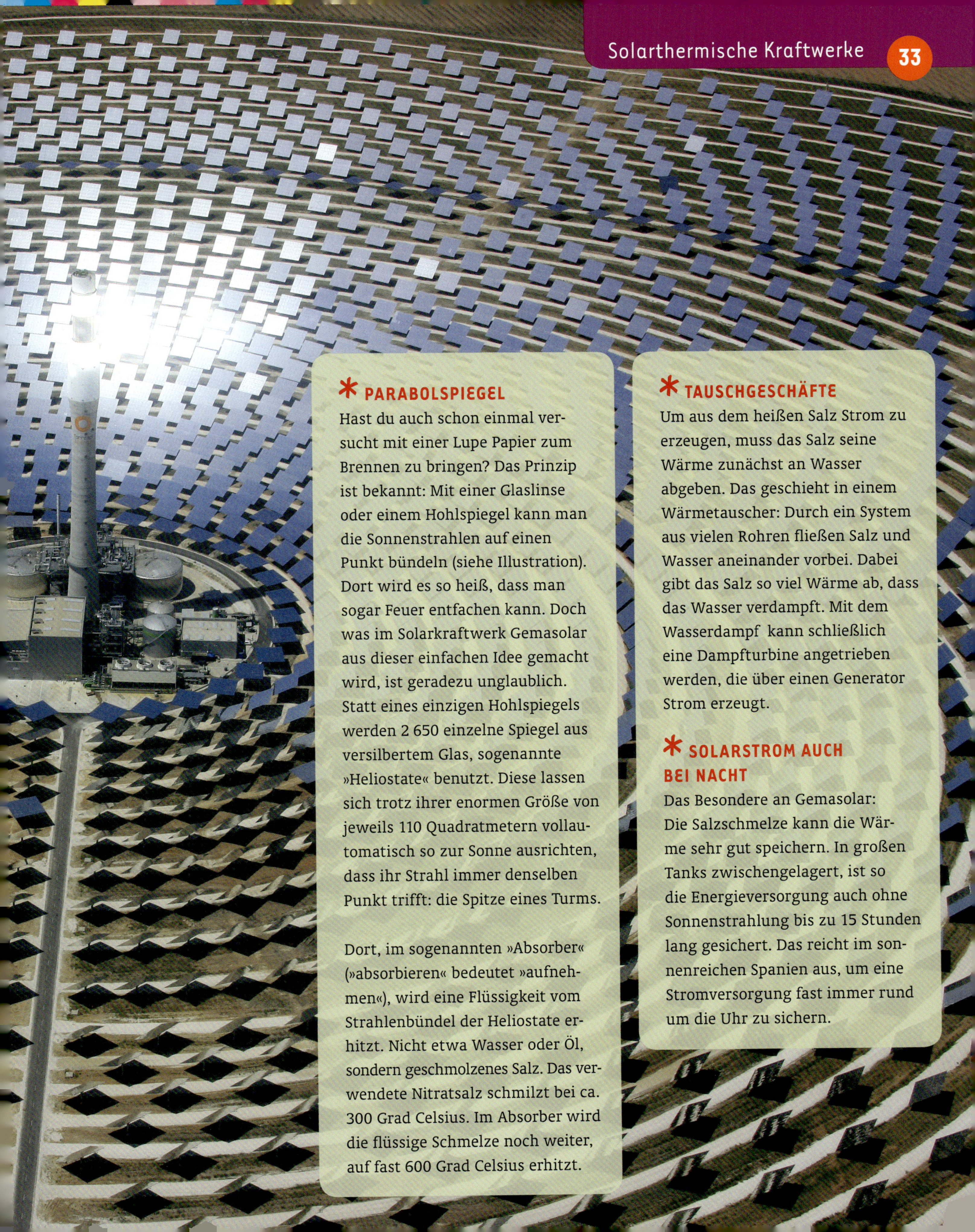

* PARABOLSPIEGEL

Hast du auch schon einmal versucht mit einer Lupe Papier zum Brennen zu bringen? Das Prinzip ist bekannt: Mit einer Glaslinse oder einem Hohlspiegel kann man die Sonnenstrahlen auf einen Punkt bündeln (siehe Illustration). Dort wird es so heiß, dass man sogar Feuer entfachen kann. Doch was im Solarkraftwerk Gemasolar aus dieser einfachen Idee gemacht wird, ist geradezu unglaublich. Statt eines einzigen Hohlspiegels werden 2 650 einzelne Spiegel aus versilbertem Glas, sogenannte »Heliostate« benutzt. Diese lassen sich trotz ihrer enormen Größe von jeweils 110 Quadratmetern vollautomatisch so zur Sonne ausrichten, dass ihr Strahl immer denselben Punkt trifft: die Spitze eines Turms.

Dort, im sogenannten »Absorber« (»absorbieren« bedeutet »aufnehmen«), wird eine Flüssigkeit vom Strahlenbündel der Heliostate erhitzt. Nicht etwa Wasser oder Öl, sondern geschmolzenes Salz. Das verwendete Nitratsalz schmilzt bei ca. 300 Grad Celsius. Im Absorber wird die flüssige Schmelze noch weiter, auf fast 600 Grad Celsius erhitzt.

* TAUSCHGESCHÄFTE

Um aus dem heißen Salz Strom zu erzeugen, muss das Salz seine Wärme zunächst an Wasser abgeben. Das geschieht in einem Wärmetauscher: Durch ein System aus vielen Rohren fließen Salz und Wasser aneinander vorbei. Dabei gibt das Salz so viel Wärme ab, dass das Wasser verdampft. Mit dem Wasserdampf kann schließlich eine Dampfturbine angetrieben werden, die über einen Generator Strom erzeugt.

* SOLARSTROM AUCH BEI NACHT

Das Besondere an Gemasolar: Die Salzschmelze kann die Wärme sehr gut speichern. In großen Tanks zwischengelagert, ist so die Energieversorgung auch ohne Sonnenstrahlung bis zu 15 Stunden lang gesichert. Das reicht im sonnenreichen Spanien aus, um eine Stromversorgung fast immer rund um die Uhr zu sichern.

STROM ERTANZEN

Tanzende Clubbesucher erzeugen im Club »Watt« Strom. Der Tanzboden ist dazu beweglich gelagert. Bei jedem Auf und Ab der Tänzer wird dadurch ein wenig elektrischer Strom gewonnen. Die Technik wird mittlerweile weltweit in verschiedenen Diskotheken benutzt. Der Club in Rotterdam war aber der erste.

Bloß nichts verschwenden

Auf Schritt und Tritt geben wir Energie an unsere Umwelt ab, die dort ungenutzt verpufft. Das muss nicht sein. Man kann sie auch »ernten«.

* KLEINVIEH MACHT AUCH MIST

Wer über Energieverschwendung spricht, denkt dabei meist an die großen Dinge: schlecht isolierte Fenster, die die Heizkosten in die Höhe treiben, veraltete Waschmaschinen, die ein Vielfaches mehr an Energie verschlingen als ihre modernen Nachfolger. Doch auch im Kleinen wird jede Menge Energie verschleudert. Bei jeder Bewegung, die wir ausführen, geht Energie verloren. Wir könnten damit aber auch kleine Maschinen antreiben oder Strom gewinnen. Genau das ist das Ziel des sogenannten »Micro-Energy-Harvesting«, das ist Englisch und bedeutet: Kleinst-Energie-Ernte.

* FINDIGE UHRMACHER

Eigentlich ist das keine ganz neue Idee. Schon vor fast 250 Jahren kam dem Schweizer Uhrmacher Abraham-Louis Perrelet der Gedanke, seine Taschenuhren nicht mehr von Hand aufziehen zu wollen. Im Jahr 1770 erfand er ein Uhrwerk, dass sich von ganz allein aufziehen konnte: angetrieben durch die ganz alltäglichen Bewegungen der Uhr in der Tasche seines Besitzers. Noch heute werden die meisten hochpreisigen Armbanduhren auf diese Weise angetrieben.

Dieser Jogginschuh von Joe Paradiso kann Strom erzeugen. Möglich machen das piezoelektrische Elemente, die in seine Sohle eingearbeitet sind. Der Schuh wurde zwar nach seiner Vorstellung im Jahr 1998 nie in Serie hergestellt. Mit ihm begannen aber weltweit die Forschungen zur Mikro-Energie-Ernte.

* JOGGER UNTER STROM

Der Startschuss für die Entwicklung des modernen Micro-Energy-Harvesting war der Strom erzeugende Joggingschuh von Joe Paradiso. Der amerikanische Forscher bestückte 1998 einen Laufschuh mit piezoelektrischen Elementen. Als piezoelektrisch bezeichnet man Materialien, die unter Druck elektrische Spannung erzeugen. Die so beim Laufen entstehenden Stromimpulse reichen aus, um einfache drahtlose Sender zu betreiben.

* TANZENDE KRAFTWERKE

Noch mehr Energie ernten die Betreiber des Tanzclubs »Watt« in Rotterdam. Dort versorgen die tanzenden Gäste das Lokal mit Strom. Der Trick: Die Tanzfläche besteht aus einer Vielzahl von Platten, die durch das Auf und Ab der tanzenden Körper Strom erzeugen. Wie viel Strom die Gäste gerade erzeugen, können sie jederzeit auf großen leuchtenden Anzeigen von der Tanzfläche aus ablesen. Das soll sie noch mehr zum Tanzen bewegen.

* PARKPLATZERNTE

Einen ähnlichen Grundgedanken haben die Betreiber der englischen Supermarktkette Sainsbury's. Die Zufahrt zum Parkplatz ihrer Filiale in Gloucester haben sie mit Platten versehen, die die Energie der fahrenden Autos nutzen. Der Strom, den die Kunden auf diese Weise erzeugen, soll ausreichen, um das Kassensystem damit zu betreiben. Für die Autofahrer hingegen macht es keinen Unterschied, ob sie über solch eine Strom erzeugende Platte fahren oder über ganz normalen Asphalt.

* WÄRMENDE FINGER

Eine ganz besondere Idee stellt der »Remember Ring« dar. Er sieht aus wie ein ganz normaler Fingerring. Am Tag vor einem einprogrammierten Jahrestag – zum Beispiel einem Geburtstag – erinnert der Ring seinen Träger an das bevorstehende Ereignis: Zu jeder vollen Stunde erhitzt er sich für zehn Sekunden auf knapp 50 Grad Celsius. Die Energie, die er dafür benötigt, hat er im Laufe des Jahres aus der Körperwärme seines Besitzers »geerntet«.

DU BIST DRAN:

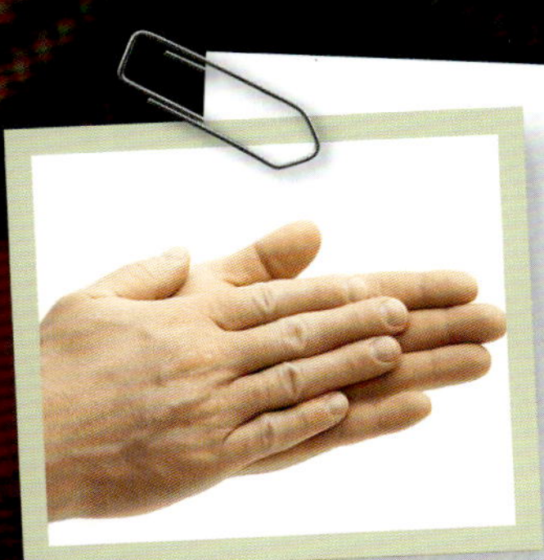

Halte deine Handflächen aneinander und reibe sie kräftig hin und her. Du solltest merken, dass sie warm werden. Je schneller du sie aneinanderreibst, desto wärmer werden sie. **Erklärung**: Energie kann nicht einfach so verschwinden. Sie kann nur von einer Form in die andere umgewandelt werden. Das passiert hier auch: Die Bewegungsenergie deiner Hände wird in Wärme umgewandelt. Man nennt diese Art von Wärme Reibungswärme. Sie entsteht überall, wo zwei Dinge kräftig aneinanderreiben.

Das Prinzip der Energieernte nutzen Uhrmacher schon seit langer Zeit. Wird die Uhr mit dem Arm bewegt, dreht sich darin eine Schwungmasse. Diese zieht die mechanische Uhr schließlich auf. Mittlerweile gibt es auch Quarzuhren, die auf ähnliche Weise betrieben werden: Die Schwungmasse zieht dann keine Feder auf, sondern erzeugt mit einem winzig kleinen Generator Strom.

Piezoelektrische Elemente kennt man aus dem Alltag. In elektrischen Feuerzeugen sorgen sie dafür, dass eine Funke entsteht. Das Prinzip: Unter Druck erzeugen piezoelektrische Materialien elektrische Spannung. Beim Feuerzeug wird das mit einer Art Hammer erreicht.

Wennn große Mengen Strom erzeugt werden müssen, gibt es nur zwei Möglichkeiten: Entweder wird der Strom über Solarzellen direkt aus dem Sonnenlicht gewonnen, oder es wird ein Generator benutzt – so wie im Fahrraddynamo, nur größer. Kleine Mengen Strom kann man aber auch direkt aus Wärme gewinnen. Wie in diesem Ring, der seine Stromversorgung über die Körperwärme sichert.

Energie

SIR-ADAM-BECK-KRAFTWERK

Das Sir-Adam-Beck-Kraftwerk an den Niagarafällen nutzt die Wasserfälle nicht direkt. Hier wird das Wasser erst aufgestaut, um eine größere Fallhöhe zu erreichen. Eigentlich handelt es sich sogar um zwei Kraftwerke. Der Bau begann bereits im Jahr 1917. Es war seinerzeit eines der größten Bauvorhaben der Welt.

»im Fluss«

Mit ohrenbetäubendem Rauschen krachen gigantische Wassermassen in die Tiefe der berühmtesten Wasserfälle der Welt: die Niagarafälle. Nirgendwo sonst auf der Welt zeigt das Wasser seine ganze Kraft auf so schöne Weise.

* NIAGARAFÄLLE

Schon seit über 200 Jahren ziehen die Niagarafälle an der Grenze zwischen den USA und Kanada Touristen in ihren Bann. Kein Wunder, handelt es sich doch um eines der spektakulärsten Naturschauspiele der Welt. Doch früh wurde erkannt, dass in den reißenden Strömen des Niagaraflusses mehr steckt als eine bloße Touristenattraktion: jede Menge Energie! Seit knapp 150 Jahren nutzt man die Wasserkraft an den Fällen, um Strom zu erzeugen.

* WASSERKRAFTWERKE AN DEN NIAGARAFÄLLEN

Heute befinden sich an den Niagarafällen drei große Wasserkraftwerke. Zusammen erzeugen sie in Spitzenzeiten etwa so viel Strom wie 500 Windräder der neuesten Generation. Gewaltig! Mittlerweile sind die Kraftwerke selbst zu Publikumsmagneten geworden, auch wenn sie etwas abseits der Hauptattraktion liegen.

WASSERMÜHLE MIT WEHR

SÄGEWERK MIT WASSERRAD

HAMMERSCHMIEDE

* FRÜHER – HEUTE

Heutige Wasserkraftwerke erinnern mit ihren riesigen Staumauern und herunterstürzenden Wassermassen kaum noch an die Wassermühlen vergangener Jahrhunderte. Dabei hat sich gar nicht so viel geändert. Es funktioniert alles im Grunde noch immer wie bei den alten Wasserrädern. Die wurden früher in den Lauf eines Flusses gebaut, um Korn zu mahlen oder einen Schmiedehammer zu bewegen. Heute durchströmt das Wasser Turbinen, um Strom zu erzeugen.

* BEWEGUNGSENERGIE

Genutzt wird dabei die Bewegungsenergie der Flüsse: die pure Wucht des Wassers. Wer schon einmal versucht hat, in einem Boot gegen die schnelle Strömung eines Flusses anzurudern, der weiß, wie viel Kraft das Wasser haben kann. Je schneller das Wasser fließt, desto mehr Energie steckt in ihm. Deshalb braucht man für die sinnvolle Nutzung der Wasserkraft Gewässer mit starker Strömung. Oder man greift zu einem Trick, der sich seit Jahrhunderten bewährt hat!

* IM FREIEN FALL

Noch mehr Energie setzt das Wasser nämlich frei, wenn es aus großer Höhe herunterfällt. Wie bei den Niagarafällen. Das kennt man auch von wassergefüllten Luftballons: Lässt man sie aus geringer Höhe fallen, gehen sie nicht kaputt. Erst wenn sie genügend Bewegungsenergie haben, sie also aus größerer Höhe auf den Boden prallen, zerplatzen sie.

* MAUERBAU

Schon früh kam man daher auf die Idee, das Wasser aufzustauen. Für kleinere Wasserkraftwerke und die historischen Wassermühlen reicht dazu ein kleines Wehr. Das ist ein Hindernis, das in den Lauf eines Flusses oder Bachs gebaut wird: eine Mauer, ein Wall oder manchmal einfach eine Art Brett. Das nachströmende Wasser lässt den Wasserstand vor dem Wehr ansteigen, bis es das Hindernis überwinden kann. Wenn es hinter dem Wehr herunterfällt, hat es also mehr Bewegungsenergie als ohne das Wehr.

Damit Mühlen auch an eher kleineren Bächen betrieben werden können, wird das Wasser mit einem Wehr aufgestaut. Wasserräder wurden früher nicht nur zum Mahlen von Mehl eingesetzt. Vielfach haben sie auch in Schmieden ihren Dienst verrichtet. So musste der Schmied den Hammer nicht mehr selbst bewegen. Auch Sägewerke wurden schon früh von Wasserrädern angetrieben.

Ein sogenanntes Laufwasserkraftwerk (s. u.) wird direkt in den Lauf eines Flusses gebaut. Das Wasser wird zwar auch hier ein wenig aufgestaut. Es gibt aber kein großes Staubecken, das bei niedrigem Wasserstand des Flusses noch als Wasserspeicher dienen könnte.

* RIESIGE STAUBECKEN

Für Großkraftwerke reicht so ein kleines Wehr nicht aus. Die größten Wasserkraftwerke der Welt benötigen daher riesige Stauseen. Oft werden ganze Täler geflutet. Deshalb spricht man manchmal auch von Talsperren. Der Eingriff in die Natur ist gewaltig. Meist hat so ein Staubecken auch die Umsiedlung vieler Menschen zur Folge. Für den Bau der größten Stauanlage der Welt, der Drei-Schluchten-Talsperre in China, mussten zwei Millionen Menschen ihr Zuhause verlassen. Etliche Dörfer, Städte, Fabriken und auch Tempelanlagen wurden unter den 175 Meter hohen Wassermassen begraben.

* MEHRZWECKSEEN

Viele der Stauseen haben mehrere Funktionen. Sie dienen nicht nur der Stromerzeugung, sondern oft auch der besseren Trinkwasserversorgung oder dem Hochwasserschutz. Trotzdem werden die größten dieser Bauten mittlerweile überwiegend kritisch gesehen. Die Erfahrung mit solchen Projekten hat gezeigt: Die Gesamtauswirkungen auf die Natur lassen sich einfach nicht hinreichend genau vorhersagen. So wird etwa beim Drei-Schluchten-Staudamm in China befürchtet, dass bedrohte Tierarten wie der China-Alligator und verschiedene Fischarten ihren natürlichen Lebensraum verlieren könnten.

Eine Treppe für die Fische. Viele Fischarten haben ein ausgeprägtes Wanderbedürfnis. Lachse zum Beispiel wandern aus dem Meer in die Flüsse, um zu laichen – also ihre Eier zu legen. Damit dies trotz Staumauern und Wehren gelingt, werden sogenannte Fischwege oder Fischtreppen neben den Stauungen angelegt.

Die Großbaustelle

Der Drei-Schluchten-Staudamm in China: allein die Staumauer ist 2 335 Meter lang und 185 Meter hoch. Mit ihrer Hilfe wird der Fluss Jangtsekiang aufgestaut. Das aufgestaute Wasser füllt tatsächlich drei Schluchten. Zwei Millionen Menschen mussten umgesiedelt werden. Der Bau hat 13 Jahre gedauert. 18 000 Arbeiter waren daran beteiligt. Das Projekt ist aus Umweltgründen sehr umstritten.

Der Drei-Schluchten-Staudamm

Pumpwasserkraftwerke wie dieses dienen als Stromspeicher. Dazu wird Wasser in ein hoch gelegenes Becken gepumpt. Bei Bedarf lässt man es wieder ab, um Strom zu erzeugen. Dabei geht zwar stets eine Menge Energie verloren, bessere Speicher für solche Mengen Strom hat man aber noch nicht erfunden.

Gezeitenkraftwerke nutzen eigentlich die Kraft des Monds. Er zieht mit seiner Schwerkraft das Wasser auf der Erde an. Die Folge: Ebbe und Flut. Die Energie des ein- und ausfließenden Wassers treibt über Turbinen Stromgeneratoren an.

* FALLROHRE

Um die Bewegungsenergie des Wassers zur Stromgewinnung nutzen zu können, muss das Wasser seine Energie in geordneten Bahnen abgeben. Deshalb fällt es nicht einfach als Wasserfall die Staumauer herunter, sondern es wird durch sogenannte »Fallrohre« geleitet: dicke Rohre, die das Wasser auf ihrem Weg nach unten führen. Unten angekommen, dort wo das Wasser die meiste Energie besitzt, wird es schließlich in Turbinen geleitet, die Stromgeneratoren antreiben.

* PUMPEN FÜR STROM

Eine besondere Variante der Wasserkraftwerke sind die sogenannten »Pumpwasserkraftwerke«. Hier wird das Wasser nicht aufgestaut, sondern mit elektrischen Pumpen in ein hoch gelegenes Becken gepumpt. Das klingt blödsinnig, ist es aber nicht: Die Pumpwasserkraftwerke speichern auf diese Weise elektrische Energie!

Manchmal wird in Deutschland mehr Strom produziert, als gerade verbraucht werden kann. In solchen Momenten bekommen die Pumpwasserkraftwerke ihren großen Auftritt. Sie nehmen die überschüssige elektrische Energie auf und entlasten damit das Stromnetz. Wenn wieder mehr Strom benötigt wird, wird das Wasser einfach wieder durch die Fallrohre nach gelassen. Dadurch wird ein Teil der zum Pumpen verwendeten Energie wieder in elektrischen Strom umgewandelt.

* DAS MONDKRAFTWERK

Eine ganz andere Art, Strom aus Wasserenergie zu gewinnen, sind sogenannte »Gezeitenkraftwerke«. Jeder, der schon einmal an der Nordsee Urlaub gemacht hat, kennt das: Zweimal am Tag zieht sich das Wasser vom Festland zurück. Nur etwa alle zwölfeinhalb Stunden ist Hochwasser. Das nennt man Gezeiten: Ebbe und Flut.

Das Gezeitenkraftwerk in St. Malo

✱ EBBE UND FLUT

Dafür verantwortlich ist der Mond, der um die Erde kreist. Mit seiner Schwerkraft zieht er das Wasser an. Dort, wo der Mond der Erde am nächsten ist, entsteht so ein Wasserberg auf den Meeren. Es herrscht Ebbe an der Küste. Und auch auf der Seite der Erdkugel, die am weitesten vom Mond entfernt ist, herrscht Hochwasser, also Flut: Aufgrund des Wasserbergs auf der mondnahen Seite nimmt die Schwerkraft auf der gegenüberliegenden Seite etwas ab. Alles ist dann dort etwas leichter. Das Wasser wird nicht mehr so stark auf die Erdkugel gedrückt.

✱ ABFLUSS

Um an die Energie des Monds heranzukommen, braucht man ein großes Becken, einem Hafenbecken ähnlich. Bei Ebbe leert es sich, während es sich bei Flut wieder mit Meerwasser füllt. Mit dem in das Becken ein- und ausfließenden Wasser werden schließlich Turbinen angetrieben und Strom wird erzeugt.

→ WASSERKREISLAUF

Ohne die Sonne gäbe es auch keine Wasserkraft: Durch ihre Wärme verdunstet das Wasser über den Meeren. Der Wind treibt es mit den Wolken über das Land. Als Regen fällt es wieder auf die Erde. Schließlich fließt es in den Flüssen Richtung Meer. Dieser fortwährende Wasserkreislauf ist die Grundlage der Wasserkraft.

Diese schwimmende Seeschlange aus Stahl kann Strom erzeugen. Sie nutzt dazu die Energie der Wellen im Meer. Sie besteht aus mehreren Segmenten, die gegeneinander bewegt werden können. Bei jeder Bewegung wird ein Generator angetrieben und Strom erzeugt.

Die Welt im

Das Licht der Sonne erwärmt unsere Atmosphäre nicht direkt. Erst wenn es auf die Erdoberfläche trifft, kann es Energie in Form von Wärme an die Erde abgeben. Die erwärmte Erde strahlt Energie als Wärmestrahlung ab. Während das sichtbare Licht die Treibhausgase nahezu ungehindert durchdringen kann, wird die Wärmestrahlung von ihnen zurückgehalten. Die Wärme kann nicht ins Weltall entweichen.

DIE ERDATMOSPHÄRE

Aus dem Weltall betrachtet kann man die Erdatmosphäre als blau schimmernden Schleier erkennen. Sie besteht im Wesentlichen aus Stickstoff und Sauerstoff. Alle anderen Gase kommen nur in weit geringeren Mengen vor. Doch bereits geringe Mengen von Triebhausgasen reichen aus, um die Erderwärmung voranzutreiben.

Treibhaus

Das Weltklima ist im Wandel – und das ist auch eigentlich normal, denn das Klima hat sich auf der Erde immer wieder geändert. Aber in den letzten 100 Jahren hat die Erderwärmung sehr schnell zugenommen und dazu tragen wir Menschen entscheidend bei. Wie in einem Treibhaus erwärmt sich die Erde von Jahr zu Jahr. Höchste Zeit also, etwas dagegen zu unternehmen!

* DER TREIBHAUSEFFEKT

Verantwortlich für die Erderwärmung sind Treibhausgase wie Kohlenstoffdioxid, Methan oder Lachgas. Sie verhindern, dass Wärme in ausreichendem Maß von der Erdoberfläche ins Weltall abgestrahlt wird. Die Forscher nennen das den Treibhauseffekt. Ohne den Treibhauseffekt wäre es nachts auf der Erde ähnlich kalt wie auf der Schattenseite des Monds. Wird der Effekt aber zu stark, kommt die Erde wie unter einer zu dicken Decke ins Schwitzen.

* VON MENSCHEN GEMACHT

Unsere Erde hat in den vielen Jahrmillionen, die es sie gibt, immer wieder wärmere und kältere Zeiten gesehen. Diese Entwicklung ging aber immer sehr, sehr langsam vonstatten. Die Erwärmung der letzten Jahre ist nicht natürlich und das Erschreckende an der Erderwärmung ist die Erkenntnis, dass wir Menschen sie selbst verursacht haben. Erst seit Beginn der Industrialisierung nämlich gelangen die Treibhausgase in unnatürlich großen Mengen in die Atmosphäre. Allen voran das Kohlenstoffdioxid. Es entsteht bei jeder Art von Verbrennung. Wenn in einem Kraftwerk Gas oder Kohle, in einem Auto Benzin oder in einem Flugzeug Kerosin verbrannt werden, wird dabei stets Kohlenstoffdioxid freigesetzt.

Tatsächlich ist Wasserdampf das stärkste Treibhausgas. Er entsteht auch heute noch überwiegend durch natürliche Verdunstungsprozesse. Durch den Ausstoß anderer Treibhausgase allerdings erwärmt sich die Erde. Das führt zu mehr Verdunstung und somit zu einem höheren Wasserdampfgehalt der Atmosphäre.

Erst seit Beginn der Industrialisierung vor etwa 250 Jahren vergiften wir Menschen unsere Atmosphäre in großem Umfang mit Abgasen. Früher lagen die großen Städte oft unter dichtem Rauch begraben.

In den überfluteten Reisfeldern finden Mikroorganismen ideale Lebensbedingungen vor. Verrottende Reste der Reispflanzen werden von ihnen zersetzt. Dabei werden große Mengen des Treibhausgases Methan freigesetzt.

Die Kuhfladen enthalten klimaschädliches Methan.

In jedem Feuer entsteht Kohlenstoffdioxid. Die meisten für den Klimawandel verantwortlichen Feuer sieht man allerdings nicht. Sie brennen in Gas- und Kohlekraftwerken, Heizöfen und Verbrennungsmotoren.

Ist ein Stück Fleisch schädlicher als ein Kleinwagen? Forscher haben errechnet, dass ein Kilogramm Rindfleisch aus dem Supermarkt das Klima genauso belastet wie eine 100 Kilometer lange Fahrt auf der Autobahn. Treibhausgase, die etwa 13 Kilogramm Kohlenstoffdioxid entsprechen, gelangen pro Kilogramm Rindfleisch in die Atmosphäre.

* RÜLPSENDE KÜHE UND LACHENDE BÖDEN

Auch die Landwirtschaft ist mitverantwortlich für die globale Erwärmung. In den letzten 100 Jahren hat sich die Erdbevölkerung mehr als verdreifacht und der Bedarf an Lebensmitteln ist stark gestiegen. Besonders Fleisch essen wir gern und viel! Für die Rinderzucht werden riesige Flächen Regenwald abgeholzt, um dort Soja als Rinderfutter anbauen zu können.

Die Bäume des Regenwalds nehmen aber normalerweise große Mengen Kohlenstoffdioxid auf und entziehen es der Atmosphäre. Die Rinder selbst produzieren bei der Verdauung wiederum Methan, ein brennbares Gas, das noch klimaschädlicher ist als Kohlenstoffdioxid. Noch um ein Vielfaches schlimmer als Methan ist Lachgas. Es entsteht vorwiegend in stark gedüngten Ackerflächen. Jeder von uns, sollte versuchen, weniger Fleisch zu essen. Schon damit kann man das Klima schützen!

* ERNEUERBARE ENERGIEN ALS AUSWEG

Einen Ausweg aus dem Klimawandel erhofft man sich besonders durch die Nutzung erneuerbarer Energien. Darunter versteht man Energiequellen, die entweder durch ihre Nutzung nicht erschöpft werden oder sich schnell von allein erneuern. So stehen Wind und Sonnenlicht unbegrenzt zur Verfügung – wenn auch nicht immer. Die Energie fließender Gewässer lässt sich nutzen, solange der Fluss fließt. Er wird nicht aufhören zu fließen, wenn er ein Wasserrad oder eine Turbine antreibt. Schnell wachsende Pflanzensorten, aus denen man Brennstoffe gewinnen kann, gehören ebenso zu den erneuerbaren Energien. Bei ihrer Verbrennung wird nur so viel Kohlenstoffdioxid freigesetzt, wie sie während ihres Wachstums selbst aufgenommen haben.

Diese erneuerbaren Energien belasten das Klima nicht mit weiteren Treibhausgasen.

→ DER REGENWALD ATMET FÜR UNS

Pflanzen brauchen zum Wachsen Kohlenstoffdioxid. Sie binden es in ihren Zellen. Deshalb spielen die Regenwälder mit ihren riesigen Bäumen eine wichtige Rolle bei der Eindämmung des Treibhauseffekts. Leider wird immer mehr Regenwaldfläche der Viehzucht geopfert.

Ein Dorf macht Strom

Wenn in der kleinen Gemeinde Jühnde die Schweine Pipi machen, helfen sie mit, den Ort mit Strom zu versorgen.

So unappetitlich die Gülle auch riechen mag, es steckt eine Menge Energie in ihr. Auch Pflanzen können davon profitieren. Deshalb düngen Landwirte normalerweise damit ihre Felder. Das Gute daran: Die Tiere auf den Höfen stellen sie von ganz allein her. Sie besteht aus Kot, Urin und Wasser.

Maissilage wird aus zerkleinerten Maispflanzen hergestellt. In Silos luftdicht gelagert, beginnt sie zu gären. Dadurch wird die Silage haltbar gemacht. Üblicherweise dient sie als energiereiches Tierfutter.

Die Bauern der Umgebung liefern jeden Tag große Mengen Gülle und Maissilage. Allein von der Silage werden täglich über 30 Tonnen benö-tigt. Das entspricht dem Gewicht von sechs Elefanten. Da der in einem Jahr verbrauchte Mais auch innerhalb eines Jahres wieder nachwachsen kann, handelt es sich um eine Form von erneuerbarer Energie.

* BIOENERGIEDORF

Seit 2005 erzeugt das nahe Göttingen gelegene Dorf Jühnde seinen gesamten Strom aus erneuerbaren Energien. Auch geheizt wird ausschließlich mit nachwachsenden Rohstoffen. Jühnde ist ein Bioenergiedorf. Das erste in Deutschland! Das offene Geheimnis der Jühnder Energieversorgung heißt Biomasse. Das ist die etwas technische Bezeichnung für alles Pflanzliche und Tierische, das in irgendeiner Weise zu Brennstoff gemacht werden kann. In Jühnde wird der Strom überwiegend aus Biogas gewonnen.

* GÜLLE + MAIS + BAKTERIEN = BIOGAS

Wichtigste Zutat für die Herstellung von Biogas ist Gülle: ein Gemisch aus Kot, Urin und Wasser, das in der Landwirtschaft normalerweise als Dünger benutzt wird. Jeden Tag liefern die Bauern etwa 30 Kubikmeter Gülle an. Das entspricht ungefähr einem Kinderzimmer voll dieser stinkenden Pampe.

Damit aus der Gülle Biogas wird, braucht es noch eine weitere Zutat: Silage. Sie besteht im Wesentlichen aus klein geschnittenen Maispflanzen. In einer Biogasanlage wird aus der Gülle und der Silage Biogas gewonnen:

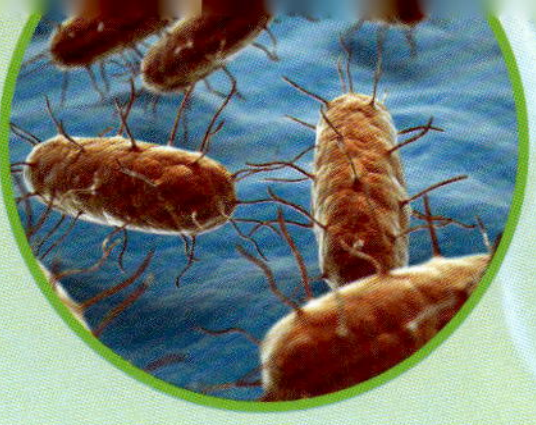

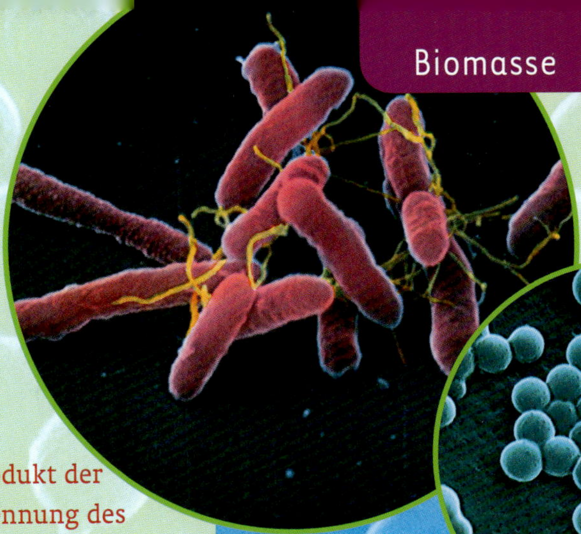

Methan, ein brennbares Gas. Das erledigen Bakterien. Sie ernähren sich von dem Gülle-Silage-Mix und scheiden das Methan einfach aus.

* STROM UND WÄRME

Genutzt wird das Biogas in einem Blockheizkraftwerk. So werden Kraftwerke bezeichnet, die gleichzeitig Strom und Wärme erzeugen. Mit dem Gas wird ein Motor betrieben, der über einen Generator Strom produziert. Die Wärme, die bei der Verbrennung des Gases im Motor entsteht, wird über ein wassergefülltes Rohrsystem an die Häuser im Ort verteilt. Eine eigene Heizungsanlage im Haus ist so nicht mehr nötig.

* DIE BIOLOGISCHE RESERVE

Die Wärme aus dem Blockheizkraftwerk reicht nicht immer aus, um auch im Winter das ganze Dorf ausreichend zu wärmen. Dann wird zusätzlich mit Holzschnitzeln geheizt, die aus dem Holz der Umgebung gewonnen werden.

* ERNEUERBAR UND KLIMAFREUNDLICH?

Auch wenn in Jühnde Strom und Wärme letztendlich durch Verbrennung erzeugt werden, ist die gesamte Klimabilanz sehr positiv. Die Gülle ist tatsächlich ein Abfallprodukt der Viehhaltung. Bei der Verbrennung des Biogases wird nicht mehr Kohlenstoffdioxid freigesetzt, als die beteiligten Pflanzen – Mais und Futter – zuvor aus der Umgebung aufgenommen haben. Solange nicht in einem Jahr mehr verbrannt wird, als im nächsten Jahr nachwachsen kann, ist diese Art der Energieversorgung somit voll und ganz regenerativ (also erneuerbar) und klimafreundlich.

* BIOMASSE IN DEN STÄDTEN

Die Energieversorgung durch erneuerbare Biomasse ist aber nicht nur auf Bioenergiedörfer wie Jühnde beschränkt. In den Städten setzen immer mehr Haushalte auf sogenannte »Pellet-Heizungen«. In ihnen werden Sägespäne und andere Holzabfälle verheizt, die zu kleinen Stäbchen – die Pellets – zusammengepresst werden. Da es sich in erster Linie um Abfallprodukte handelt, sind die Pellets noch sehr günstig. Aber auch für sie gilt: Es darf in einem Jahr nicht mehr Holz verbrannt werden, als in einem Jahr nachwachsen kann.

Vor den in Biogasanlagen zu findenden Bakterien braucht man keine Angst zu haben. Sie machen nicht krank. Bei der Herstellung von Biogas ernähren sie sich von Gülle und Mais. Wenn sie die stinkende Pampe verdaut haben, scheiden sie brennbares Methan aus – ähnlich wie wir Menschen, nachdem wir Erbsensuppe oder Zwiebeln gegessen haben.

Bevor Säge- und Hobelspäne zu Holzpellets gepresst werden können, werden sie getrocknet, gereinigt und zu einer einheitlichen Größe zerkleinert. Leicht befeuchtet werden sie dann durch etwa fingerdicke Löcher gepresst – ähnlich dem Vanilleeis in der Spaghettieiszange.

Pelletproduktion ↓

Das feurige Herz

Dicke Wolken türmen sich über dem nahe gelegenen Berg auf. Dampf, Gestein und Asche steigen in den Himmel auf. Die Bewohner am Fuß des Vulkans wissen, dass sich schon in Kürze glühende Lava aus der Spitze ergießen kann. Den Menschen war schon immer klar: Im Innern der Erde toben Urgewalten! Doch anstatt sich davor zu fürchten, können wir diese auch nutzen!

Es muss nicht gleich ein Vulkanausbruch sein, der uns daran erinnert, wie heiß es im Innern der Erde ist. Dafür reicht bereits der Besuch eines Bergwerkmuseums. Je tiefer man in die Erde eindringt, desto wärmer wird es. Durchschnittlich steigt die Temperatur im Erdinnern alle 100 Meter um etwa drei Grad. Im inneren Kern der Erde werden Schätzungen zufolge Temperaturen weit über 7 000 Grad Celsius erreicht. Bei solchen Temperaturen schmilzt jedes Gestein.

* WÄRME AUS DER KINDHEIT DER ERDE

Ein Teil der Erdwärme – auch Geothermie genannt – ist bereits vor etwa 4,6 Milliarden Jahren entstanden, als die Erde sich aus im All herumfliegendem Staub und Gesteinsbrocken zusammengeballt hat. Ständig ist der junge Planet mit anderen Himmelskörpern zusammengestoßen. Mit jedem Zusammenprall vergrößerte sich die Masse der Erde. Und ihre Temperatur! Erdforscher, die Geologen, schätzen, dass etwas weniger als die Hälfte der Erdwärme aus dieser frühen Phase der Erdentstehung stammt.

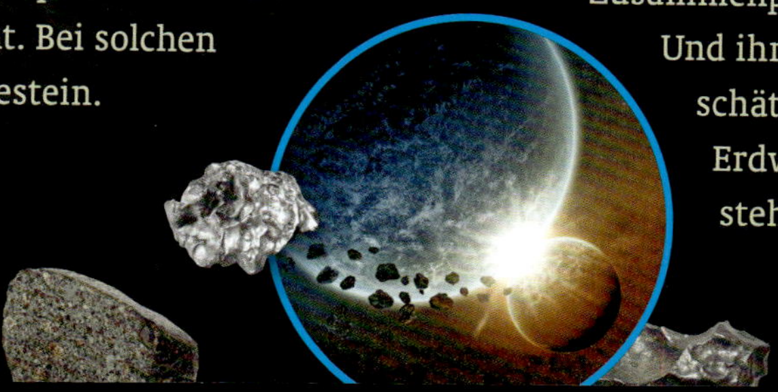

der Erde

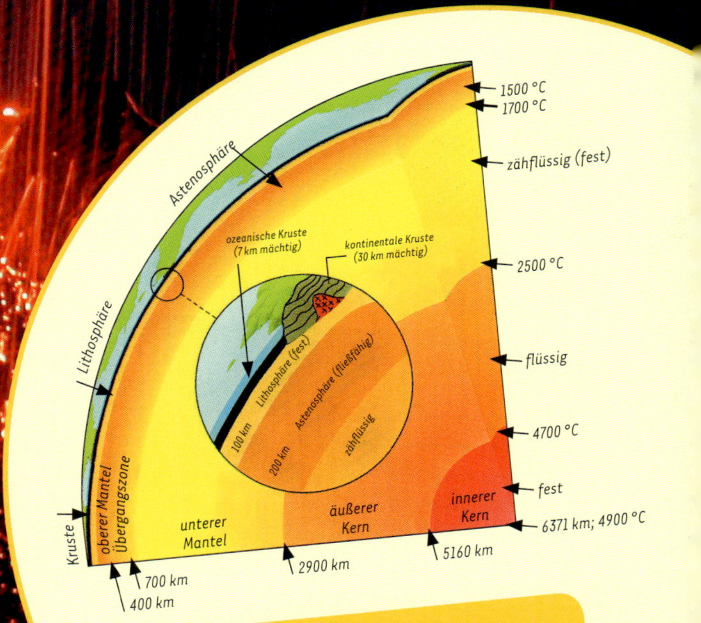

AUFBAU DER ERDE

Je tiefer man in die Erde vordringt, desto heißer wird es. Man unterscheidet zwischen der Erdkruste, dem Erdmantel und dem Erdkern, die sich alle in ihrer Zusammensetzung stark unterscheiden. Der Erdkern besteht überwiegend aus geschmolzenem Eisen, das auch für das Magnetfeld der Erde verantwortlich ist.

Der Geysir Strokkur: Alle drei bis fünf Minuten spuckt er eine gewaltige Fontäne aus Dampf und Wasser in den Himmel. Verantwortlich dafür ist die Erdwärme. Sie bringt das Wasser unter der Erde zum Kochen. Es entstehen Wasserdampfblasen, die das Wasser schließlich als Fontäne aus dem Erdboden herausdrücken.

Die »Blaue Lagune« auf Island ist eigentlich das Ergebnis einer Fehlplanung. Entstanden ist sie nämlich durch das Geothermiekraftwerk Svartsengi gleich nebenan. Das im Kraftwerk genutzte warme Wasser sollte ursprünglich einfach im Boden versickern. Stattdessen hat sich mit der Zeit die Lagune gebildet. Mit ihrem warmen, blau schimmernden Wasser ist sie mittlerweile eine Touristenattraktion.

Das Erdwärmekraftwerk von Nesjavellir ist eines der wichtigsten in Island. Die nötige Wärme bekommt es von dem Vulkan Hengill aus fünf Bohrlöchern. Sie sind bis zu 2 000 Meter tief. Das Kraftwerk erzeugt ungefähr so viel Strom wie über 20 moderne Windkraftanlagen.

Mit Probebohrungen wird nach den richtigen Orten für Geothermiekraftwerke gesucht. Untersucht wird dabei nicht nur, wie warm es unter der Erde ist. Die Geologen müssen auch herausfinden, ob sich der Untergrund überhaupt eignet oder ob zum Beispiel die Erdbebengefahr zu groß ist. Bis zu 1000 Meter tief wird für manche Kraftwerke in Deutschland gebohrt.

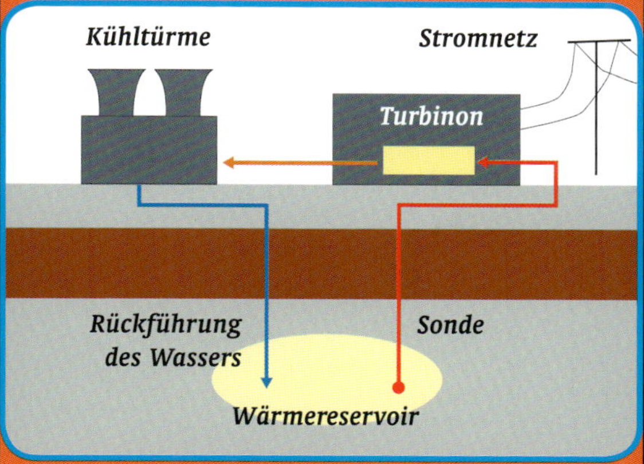

Die einfachste Variante eines Geothermiekraftwerks: Warmes Wasser wird einem Wärmereservoir unter der Erde entnommen. Mit dem heißen Wasser wird eine Turbine betrieben und so Strom erzeugt. Anschließend wird das Wasser wieder in das Wärmereservoir zurückgeführt.

* RADIOAKTIVITÄT

Die andere Hälfte der Erdwärme stammt aus radioaktivem Zerfall. Radioaktives Material, wie Uran, zerfällt über lange Zeiträume in andere Elemente. Dabei wird Strahlung und Wärme frei. In der Erde passiert dies auf natürliche Weise. Aber auch in Atomkraftwerken wird letztlich die beim radioaktiven Zerfall entstehende Wärme genutzt.

* DIE VULKANINSEL

Aber wie kommt man nun an diese Erdwärme heran? Auf Island ist das besonders leicht. Island ist nämlich die größte Vulkaninsel der Welt. Ganze 31 Vulkansysteme befinden sich auf der Insel. Die Folge: Bereits in geringer Tiefe ist es im Erdreich so warm, dass man die Energie der Erde nutzen kann. Deutlich zeigen das die heißen Wasserquellen und Geysire, die auf Island überall zu finden sind. Sie werden bereits auf natürliche Weise von der Erde geheizt.

Isländische Briefmarke

* RUNTER UND WIEDER RAUF

Wenn die Natur das warme Wasser nicht von allein zur Verfügung stellt, dann muss man technisch nachhelfen. Das Grundprinzip ist dabei sehr einfach: Kaltes Wasser wird in das Erdreich gepumpt. Die Erdwärme heizt es auf. Schließlich wird warmes Wasser wieder nach oben gepumpt. Auf diese Weise kann man zumindest schon einmal Warmwasser für die Heizung gewinnen.

* STROM AUS WARMEM WASSER

Um aus der Wärme der Erde Strom zu gewinnen, wird in der Regel eine Gasturbine genutzt, die einen Generator antreibt. Auf Island kann die Turbine mit Wasserdampf betrieben werden: Aufgrund der Lage der Insel ist das Erdreich schon in geringen Tiefen ausreichend heiß, um Wasser zum Verdampfen zu bringen. Häufig greift man aber zu anderen Flüssigkeiten, die schon bei geringerer Temperatur verdampfen.

* VORREITER ISLAND

Immerhin ein Viertel des auf Island benötigten Strombedarfs wird auf diese Weise gedeckt. Für Heizung und Warmwasserbereitung greifen die Isländer sogar fast ausschließlich auf diese natürliche Energiequelle zurück. Damit ist Island Vorreiter auf diesem Gebiet der »Geothermie«, also Erdwärme. Nicht nur das: die restliche benötigte Energie erzeugen die Isländer ebenfalls auf erneuerbare Weise: mit Wasserkraft!

* IN DEUTSCHLAND

In Deutschland leben wir allerdings weit weg von aktiven Vulkanen. Zum Glück! Die sinnvolle Nutzung der Geothermie wird dadurch aber erschwert: Es ist unter der Erdoberfläche einfach nicht so warm wie in Island. Um die Erdwärme trotzdem zu nutzen, muss man deshalb ein wenig in die Trickkiste der Physik greifen: Wärmepumpe heißt die Maschine, die es möglich macht, auch hier mit Erdwärme zu heizen. Sie wird in Deutschland mittlerweile sehr häufig zum Heizen von Wohnhäusern benutzt.

Geysire sind auf Island eine richtige Touristenattraktion, auf die mit Verkehrsschildern hingewiesen wird.

HEIZEN MIT DEM KÜHLSCHRANK

Eine Wärmepumpe funktioniert fast genauso wie ein Kühlschrank. Der kühlt nämlich auch nur innen im Schrank. Die Rückseite eines Kühlschranks hingegen ist ziemlich warm. Das Geheimnis: Ein Kühlschrank kühlt nicht einfach, sondern er transportiert Wärme von innen nach außen (siehe Kasten).

Das macht eine Wärmepumpe auch. Allerdings transportiert sie die Wärme über eine größere Strecke: meist aus bis zu 10 Metern Tiefe, wo in Deutschland fast überall Temperaturen um zehn Grad Celsius herrschen, ins Haus. Das warme Erdreich entspricht dabei dem Innenraum des Kühlschranks, das Haus der Kühlschrankrückwand.

AUFGEBRAUCHT

Die Stelle, an der die Wärme der Erde entnommen wird, nennt man Wärmereservoir. Es wird wie der Kühlschrankinnenraum eigentlich abgekühlt. Aus der Umgebung strömt aber genügend Wärme nach. Das gilt allerdings nur für Wärmereservoirs in nicht allzu großer Tiefe von ungefähr zehn Metern. In tieferen Erdschichten kann es vorkommen, dass irgendwann ein Wärmereservoir erschöpft ist. Man kann ihm dann keine Wärme mehr entnehmen. Das passiert insbesondere auch, wenn man dem Reservoir schneller Energie entzieht, als sie die natürliche Erdwärme nachliefern kann. Bei großen Anlagen rechnet man damit, sie etwa 30 Jahre lang betreiben zu können, bevor sich der Boden erholen muss. Das dauert aber einige hundert Jahre.

ACHTUNG ERDBEBEN!

Ein weiteres Problem der Geothermie sind Erdbeben. Pumpt man große Mengen Wasser in sehr tiefe Erdschichten, so stellt das einen spürbaren Eingriff in die Natur dar. Spürbar im wahrsten Sinne des Wortes: Im Großraum Basel kam es nach Probebohrungen für ein Geothermiekraftwerk zu mehreren Erdbeben. Man hatte durchaus mit kleineren Erdbeben gerechnet. Sie sollten aber eigentlich so schwach sein, dass man sie allenfalls messen, nicht jedoch spüren könnte. Tatsächlich waren die Erdbeben so stark, dass Schäden in Höhe von einigen Millionen Franken entstanden sein sollen. Der Bau des Kraftwerks wurde anschließend gestoppt.

WÄRMETUNNEL

Clever sind da Geothermieanlagen, die keinen neuen Eingriff in die Natur erfordern. In der Schweiz werden seit über 30 Jahren Tunnel für die Geothermie genutzt. Auch die Tunnel stellen natürlich einen schweren Eingriff in die Natur dar. Es gibt sie aber schon. Ohne zusätzliche Bohrungen gelangt man so ins Innere der Erde – und an die Erdwärme. Die Tunnel erzeugen so die Wärme für Bürogebäude, Schwimmbäder und Wohnhäuser. Das ist clever!

Tunnel gibt es in der Schweiz viele. Seit über 30 Jahren werden sie auch zur Wärmeversorgung genutzt. Schließlich dringen auch die Tunnel tief in das Innere der Erde vor. Die Heizleistung der Tunnel wird benutzt, um Schwimmbäder, Sporthallen oder ganze Häuserblocks mit Wärme zu versorgen.

Heiße Quellen und Geysire gibt es nicht nur auf Island. Auch der amerikanische Yellowstone-Nationalpark ist dafür berühmt. An den heißen Quellen der italienischen Toskana haben sich bereits die alten Römer erfreut. Ihre Badekultur in sogenannten »Thermalbädern« hat aber auch in Deutschland Spuren hinterlassen, wie diese Ruinen in Baden-Baden zeigen.

So unscheinbar sieht eine Wärmepumpenheizung aus, die ein Einfamilienhaus beheizen kann. Zum Betrieb braucht die Heizungsanlage elektrischen Strom. Richtig sauber und klimafreundlich ist diese Heizungsart daher nur, wenn auch der Strom auf erneuerbare Weise gewonnen wird.

In einem Kühlschrank befindet sich ein Rohrsystem, das mit einem speziellen Gas gefüllt ist. Mit einem Kompressor wird es unter Druck gesetzt. Dadurch erwärmt es sich zunächst. An der Rückseite des Kühlschranks gibt das Gas Wärme an die Umgebungsluft ab. Es kühlt dabei selbst auf Raumtemperatur ab und wird flüssig.

Im Innenraum des Kühlschranks wird das Ganze umgekehrt: Das flüssige Gas wird langsam verdampft. Dazu braucht es Energie. Die »klaut« es sich von der Kühlschrankluft. Die Folge: Im Kühlschrank wird es kalt! Anschließend beginnt der gesamte Vorgang von vorn.

Auch ohne Strom können die erneuerbaren Energien in einigen Teilen Afrikas den Menschen helfen. Mithilfe von Solarkochern können sie ihr Essen zubereiten, ohne mühevoll Feuerholz sammeln zu müssen. Giftiger Rauch entsteht dabei nicht. Im Solarkocher bündelt ein Hohlspiegel die Wärmestrahlung der Sonne auf einem Punkt. Dort wird es so heiß, das man kochen kann.

Chancen für Entwicklungsländer

Weltweit müssen fast zwei Milliarden Menschen ohne Strom auskommen. Für sie bieten erneuerbare Energien Chancen, die weit über den Klimaschutz hinausgehen.

Sauberes Trinkwasser kann mithilfe solarbetriebener Pumpen zutage gefördert werden. Eine wichtige Waffe im Kampf gegen Krankheiten wie Typhus, die durch verunreinigtes Wasser verursacht werden. Eine Trinkwasserversorgung, wie wir sie in Deutschland gewohnt sind, ist weltweit noch immer keine Selbstverständlichkeit.

* LEBEN OHNE STROM

Ein Leben ohne Strom bedeutet in den armen Regionen der Welt weit mehr als den bloßen Verzicht auf Fernsehen, Playstation oder elektrische Zahnbürsten. Es bedeutet oftmals Krankheit und Tod. Dort, wo sich der Anschluss an das Stromnetz für die großen Energiekonzerne nicht lohnt, ist Feuerholz die Energiequelle Nummer eins. Wie schon vor tausenden von Jahren wird das Essen über dem offenen Feuer gekocht. Was sich für uns nach wohliger Lagerfeuerromantik anhört, hat schlimme Folgen: In Afrika sterben jährlich rund 400 000 Menschen allein an Krankheiten, die durch den giftigen Rauch verursacht werden. Elektrischer Strom kann hier Leben retten.

* UNABHÄNGIG

Anders als der Strom aus großen Kraftwerken, der über große Stromnetze zu den Verbrauchern gebracht werden muss, kann Strom aus erneuerbaren Energien direkt vor Ort erzeugt werden. So werden die Dörfer unabhängig von Stromkonzernen, die dort keinen Strom liefern, da die Menschen nicht zahlen könnten. Möglichkeiten für den sinnvollen Einsatz des Stroms gibt es dann viele.

* SAUBERES WASSER

Neben dem Rauch des Feuerholzes ist schmutziges Wasser ein großes Problem in den Entwicklungsländern. Sauberes Wasser könnte aus tiefen Brunnen gepumpt werden. Das ist mit handbetriebenen Pumpen nicht sinnvoll machbar. Elektrische Pumpen können aber mit Solarzellen ausgestattet werden. So wird die Versorgung mit sauberem Trinkwasser gewährleistet.

* AUSBILDUNG

Eine schöne Nebenwirkung: Die Anlagen müssen aufgebaut und instand gehalten werden.

Davon können insbesondere auch Frauen profitieren, die sonst in der Regel finanziell abhängig sind. Der Friedensnobelpreisträger Muhammad Yunus fördert mit seiner Firma »Grameen Shakti« den Kauf und Betrieb von Solaranlagen auf Wohnhäusern in Bangladesch. Dabei werden gezielt Frauen angeworben. Sie sind meistens ohnehin für alles Häusliche verantwortlich. Sie erhalten eine Ausbildung, in der sie lernen, die Technik zu verstehen und Reparaturen wie Lötarbeiten durchzuführen. Damit erreichen sie ein eigenständiges Monatseinkommen von 100 Euro. Das ist dort eine Menge Geld und der erste Schritt in eine berufliche Selbstständigkeit.

* SCHULBILDUNG

Auch für die Schulbildung spielt die Stromversorgung eine große Rolle. Eine Solaranlage auf dem Dach einer Schule ermöglicht die Benutzung von Computern. Mit Fernsehern und Videorekordern können die Lehrer den Kindern Wissen vermitteln, für das sie sonst unbezahlbare Reisen unternehmen müssten. So werden durch die Solarenergie Grundlagen dafür geschaffen, dass die Kinder später einmal gut bezahlten Berufen nachgehen können.

* KRANKENHÄUSER

In Krankenhäusern ist die Stromversorgung für moderne Untersuchungs- und Behandlungsmethoden oft unerlässlich. Auch hier haben sich kleine Fotovoltaikanlagen bewährt. In Mali unterstützt das Mali Folkecenter als Hilfe zur Selbsthilfe zahlreiche Geburtskliniken. Dort wurde errechnet, dass ein einziges Solarmodul auf dem Dach einer Klinik bei der Geburt von 1 300 Kindern helfen wird. Das bedeutet vor allem bessere Überlebenschancen für Neugeborene.

Die Ausbildung von Dorfbewohnern, die die Solaranlagen warten, ist wichtig. Sonst verrotten die Anlagen schon nach kleinen Problemen oder werden gestohlen. Ihre neu erlernten Fähigkeiten können die Menschen auch einsetzen, um Geld zu verdienen. So eröffnet die Solartechnik Menschen in den armen Regionen dieser Welt den Einstieg in hoch qualifizierte Arbeiten.

Muhammad Yunus hat das Konzept sogenannter »Mikrokredite« begründet. Die Idee ist schlicht, aber brillant. Oft fehlt armen Menschen gar nicht viel Geld, um sich mit ihrem Handwerk selbstständig ernähren zu können: Ein Tischler kann ohne Holz keinen Tisch bauen. Hat er aber einen Tisch verkauft, reicht das für weiteres Holz und seinen Lebensunterhalt. Die Grameen Bank verleiht ihr Geld in Form von Kleinstkrediten, anders als die üblichen Großbanken, ohne dafür Sicherheiten zu verlangen. So hat sie es in den vergangenen 30 Jahren vielen Menschen ermöglicht, sich eine eigene Existenz aufzubauen Für seine Arbeit erhielt Yunus 2006 den Friedensnobelpreis.

Dieselgeneratoren sind oft die einzige Möglichkeit, in ländlichen Regionen Afrikas und Asiens an Strom zu gelangen. Aber Diesel ist teuer und die Preise steigen stetig. Eine dauerhafte Stromversorgung ist für die Dorfbewohner meist nicht bezahlbar. Oft teilen sich mehrere Dörfer einen Generator.

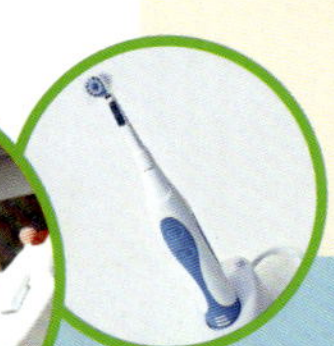

Mehr Wissen macht viel mehr Spaß.
GEOlino
Lesen, Hören, Spielen:
Krimi-Comics
Blauer Planet
Erde im Wandel
Reise ins Tierreich
GEOlino extra
Experimentieren:
Mikroskop
Power-House
KOSMOS
Das GEOlino Experimentierbuch 2
Vulkane
Mehr Informationen online:
geolino.de/shop
Das Beste von GEO

Für neugierige Forscher
Entdecken, verstehen und Spaß haben
EXPERIMENTIERKASTEN
VON DER BATTERIE ZUR BRENNSTOFFZELLE
ÖKO-POWER
KOSMOS
AN MODELLEN VERSTEHEN
SOLAR-ENERGIE
ab 8 Jahre,
je €/D 36,99 (UVP)
ab 10 Jahre,
€/D 69,99 (UVP)
Die KOSMOS-Experimentierkästen der Reihe „Erneuerbare Energie“ bieten viele Antworten und spannende Experimente zum Thema Windenergie und Stromerzeugung durch umweltschonende Technologien.
LUFT- & WASSER-ENERGIE
WIND-ENERGIE
Weitere Informationen findest du unter kosmos.de

Zum Autor

Felix Homann ist Autor, Physiker, Wissenschaftskünstler und Journalist und weiß aus unzähligen Veranstaltungen, was Kinder interessiert und wie man auch abstraktere Themen spannend aufbereitet. In seinen Bühnenshows verbindet er atemberaubende Experimente mit Unterhaltung. Darüber hinaus hat er als Autor mehrere Experimentierkästen für Kinder entwickelt. Wenn du mehr über ihn wissen möchtest, schau auf seiner Webseite unter www.showlabor.de vorbei.

Bildnachweis

Abkürzungen:
o = oben; u = unten; m = Mitte; l = links; r = rechts; die Ziffern beziehen sich auf die Buchseiten.

Mit Fotos von:

Umschlag: Heidi Velten/Agentur Kunterbunt; contrastwerkstatt/fotolia.com; NASA; Petair/fotolia.com; colluceo/fotolia.com; by-studio/fotolia.com; FCS Photography/fotolia.com

Alaska Jewelry Inc.: 37 r. u.; Alexandr Ozerov/fotolia.com: 28, 30; Alexi Kostibas/Wikipedia: 17 u.; Andreas Meyer/fotolia.com: 11 l. m.; Antoine Taveneaux/Wikipedia: 18 l.; arsdigital/fotolia.com: 5 o. l., 47 o. r.; Bauer Alex/fotolia.com: 26/27; Bohus1//Wikipedia: 57 u. m.; By-studio/fotolia.com: 4 r. u., 8/9, 10/11, 29 3. v. l.; Catmando/fotolia.com: 52 o.; Craig Hanson/fotolia.com: 46 o. r.; csld/fotolia.com: 54 o.; David Woods/fotolia.com: 46 o. l.; DenisNata/fotolia.com: 50 l.; deviantART /fotolia.com: 42 l. u.; Doug Bowman/Wikipedia: 5 5. v. o., 52 u. 2. v. l.; Dron/fotolia.com: 25 l. u.; Dyoma/fotolia.com: 37 r. o.; Eisenhans/fotolia.com: 10 o.; electriceye/fotolia.com: 5 l. u., 8/9, 10/11; Elenathewise/fotolia.com: 4/5; emer/fotolia.com: 24 l.; epohl/fotolia.com: 16 o.; ExQuisine/fotolia.com: 47 o. m.; Felix Homann: 64 o.l.; Francisco Romero/fotolia.com: 57 u. r.; gaelj/fotolia.com: 39 u.; Galyna Andrushko/fotolia.com: 38/39; Gina Sanders/fotolia.com: 28 m. u.; Greenpeace: 44 u.; H. Raab/Wikipedia: 5 6. v. o.; 5 7. v. o., 52 u. l., 52 u. r.; Hannes Grobe/Wikipedia: 16 m. r.; Harald Lange/fotolia.com: 30 u. r.; Hermann A. Wiese/Wikipedia: 18 r.; Herr Olsen/fotolia.com: 3; http://resenv.media.mit.edu/: 36 l.; Ina Lutterbüse/KOSMOS: 17 o. r.; Jiri Miklo/fotolia.com: 8 l. u.; John Cochran/Wikipedia: 18 m.; John Cochran/Wikipedia: 4 l. 3. v. u.; Jörg Engel/Fotolia.com: 15 r. m.; Kaarsten/fotolia.com: 8 l. o.; Karle Horn/Wikipedia: 17 o. m.; Kathrin39/fotolia.com: 4 l. 2. v. o., 9 l.; klikk/fotolia.com: 10 r. u.; Kosmos: 32 u. r., 55 o.; Lithograph by Pierre Petit (1832–1885), printed by Charles Jeremie Fuhr/Wikipedia: 28 l. u.; MARION Dominique/fotolia.com: 9 r. u.; Markus Bernet/Wikipedia: 57 o.; MP2/fotolia.com: 6 r.; NASA Headquaters: 44/45; NASA photo/Wikipedia: 4 r. o., 29 l.4 r. o.; Nici Heuke/fotolia.com: 47 u.4 r. o.; Nigel Monckton/fotolia.com: 4 l. 3. v. o., 11 r. m.; onelaptop.org/Wikipedia: 7 l. u.; Onkelchen/fotolia.com: 40 o.; Oscar Brunet/fotolia.com: 18/19; panthesja/fotolia.com: Vorsatz; Patricia Hofmeester/fotolia.com: 5 r. 4. v. o., 55 m.; picture-alliance/akg-images: 11 o. m., 46 o. m., 5 r. 3 v. o.; picture-alliance/All Canada Photos: 40 l.; picture-alliance/APA/HERBERT PFARRHOFER: 60 u.; picture-alliance/Arco Images GmbH: 60 o.; picture-alliance/Asianet Pakistan: 61 o.; picture-alliance/Bildagentur-online/Falkenstein: 56 u.; picture-alliance/chromorange: 4 u. 2. v. l., 15 l.; picture-alliance/D.Rose/Helga Lade Fotoagentur GmbH: 54 u. r.; picture-alliance/dieKLEINERT.de/Robert Perdok: 51 o. l., 12 l.; picture-alliance/dpa: Vorsatz, 4 l. 2. v. u., 5 l. 2. v. u., 5 r. 2. v. o., 7 l. o., 7 r., 11 o. r., 14 l. u., 17 o. l., 22 l., 22 r., 22/23, 25 r. o., 31 l. o., 41 m., 41 u., 42 r. u., 50 r. o., 50 r. u., 51 u., 58, 58 r.; picture-alliance/dpa-Report: 38 u., 40 u.; picture-alliance/dpa/dpaweb: 41 o. r., 59; picture-alliance/dpa/epa-Bildfunk: 34 l., 34/35; picture-alliance/Hans Joachim Rech: 23 m. l.; picture-alliance/IMAGNO/Gerhard Trumler: 40 m.; picture-alliance/Ingo Wagner: 20 l.; Picture-Alliance/KEYSTONE: 51 m. l.; picture-alliance/Kyodo: 11 l. u.; picture-alliance/OKAPIA KG, Germany/Manfred P.Kage: 5 o. 2. v. l., 5 o. r., 51 o. m., 51 o. r.; picture-alliance/Piers Cavendish/Impact Photos/imagestate: 54 u. l.; picture-alliance/Sueddeutsche Zeitung Photo: 42 l. o.; picture-alliance/WILDLIFE: 29 u. l.; picture-alliance/Wissen Media Verlag: 53 r.; picture-alliance/www.photon-pictures.com: 32 l. u., 32 u. m.; picture-alliance/Yvan Travert/akg-images: 61 u.; picture-alliance/ZB: 15 r. u., 23 o., 23 m. r., 23 u., 30 o. r., 31 l. u.; picture-alliance/ZUMA Press: 43 u.; pink_cotton_candy/iStockphoto: 37 l.; Pixelot/fotolia.com: 8 r. u.; reb/fotolia.com: 19 o. l.; Redshinestudio/fotolia.com: 8/9; Rekemp/fotolia.com: 46 u.; Richard Barz/Wikipedia: 54 u. m.; Rick Henzel/fotolia.com: 37 r. m.; sdecoret/fotolia.com: 5 8. v. o., 52 u. 3. v. l.; Sebastian Kaulitzki/fotolia.com: 24/25; somenski/fotolia.com: 64 o.; soulrebel83/fotolia.com: 29 u. r.; Stefan Schurr/fotolia.com: 36/37; Steve F-E-Cameron /Egyptian Gallery-British Museum/Wikipedia: 12/13; Steve Mann/fotolia.com: 19 o. r.; Subbotina Anna/fotolia.com: 50 r. m.; suedwind1/fotolia.com: 15 r. o.; talsen/fotolia.com: 48/49; Tanja Bagusat/fotolia.com: 47 o. l.; Thaut Images/fotolia.com: 28 o.; Thomas Jansa/fotolia.com: 4 l. 4.v. o., 11 r. u.; Tom Bruton/Wikipedia: 51 m. r.; Tom Wang/fotolia.com: 10 l. u.; Tom Wang/fotolia.com: 4 u. 3. v. l.; Tomasz G. Sienicki/Wikipedia: 43 o.; Torresol Energy Investments, S.A.: 4 r. u., 32 l. o., 32/33; Tupungato/fotolia.com: 5 r. u., 55 u.; Tympanus/Wikipedia: 19 u.; typomaniac/fotolia.com: 9 r. o., 11 o. l.; Uhrenfabrik Junghans GmbH & Co. KG/Wikipedia: 28 r. u.; Vitalij Lang/fotolia.com: 29 2. v. l.; Vulkanisator – Fotolia.com: 52/53; W. Schmidt: Herons von Alexandria Druckwerke und Automatentheater, gr-dt, 1899/Wikipedia: 6 u. m.; W. Wacker/Wikipedia: 16 m. l.; Wikipedia: 30 l.; Witold Krasowski/fotolia.com: 41 o. l.; www.bahrainwtc.com: 16 u.; www.kitepower.eu: 4 l. o., 6 l. o., 6 l. u.; www.m-buehner.de/fotolia.com: 27 r., 31 r.; www.olpc.com: 7 u. m.; Wykis/Wikipedia: 25 r. u.; Yellowfish/Wikipedia: 57 u. l.; zentilia/fotolia.com: 20/21

Impressum

Unser gesamtes lieferbares Programm und viele weitere Informationen zu unseren Büchern, Spielen, Experimentierkästen, DVDs, Autoren und Aktivitäten findest du unter: **kosmos.de**

Gedruckt auf chlorfrei gebleichtem Papier

ISBN 978-3-440-13247-0
Redaktion: Ina Lutterbüse
Bildredaktion: Eva Mokhlis
Gestaltungskonzept: Atelier Bea Klenk
Gestaltung und Satz: Bea Klenk
Produktion: Verena Schmynec
Printed in Germany / Imprimé en Allemagne

FSC www.fsc.org MIX Papier aus verantwortungsvollen Quellen FSC® C004592

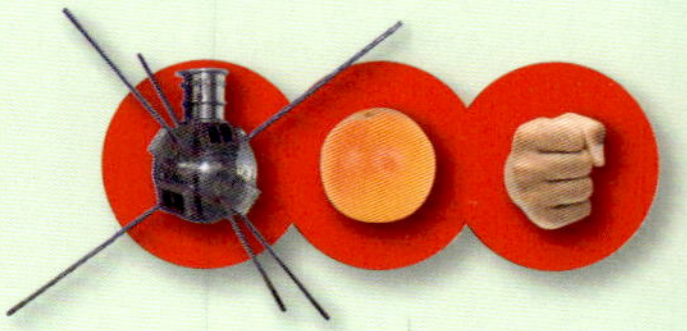

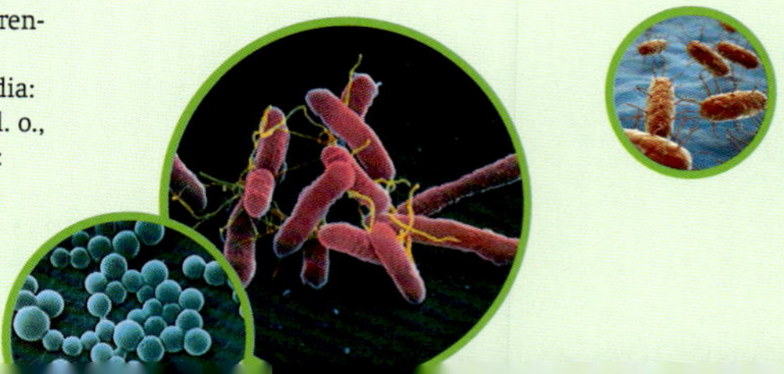